漁師 fishermen vs versus インターネット Internet

岩本 隼
Jun Iwamoto

出窓社

漁師VSインターネット◆目　次

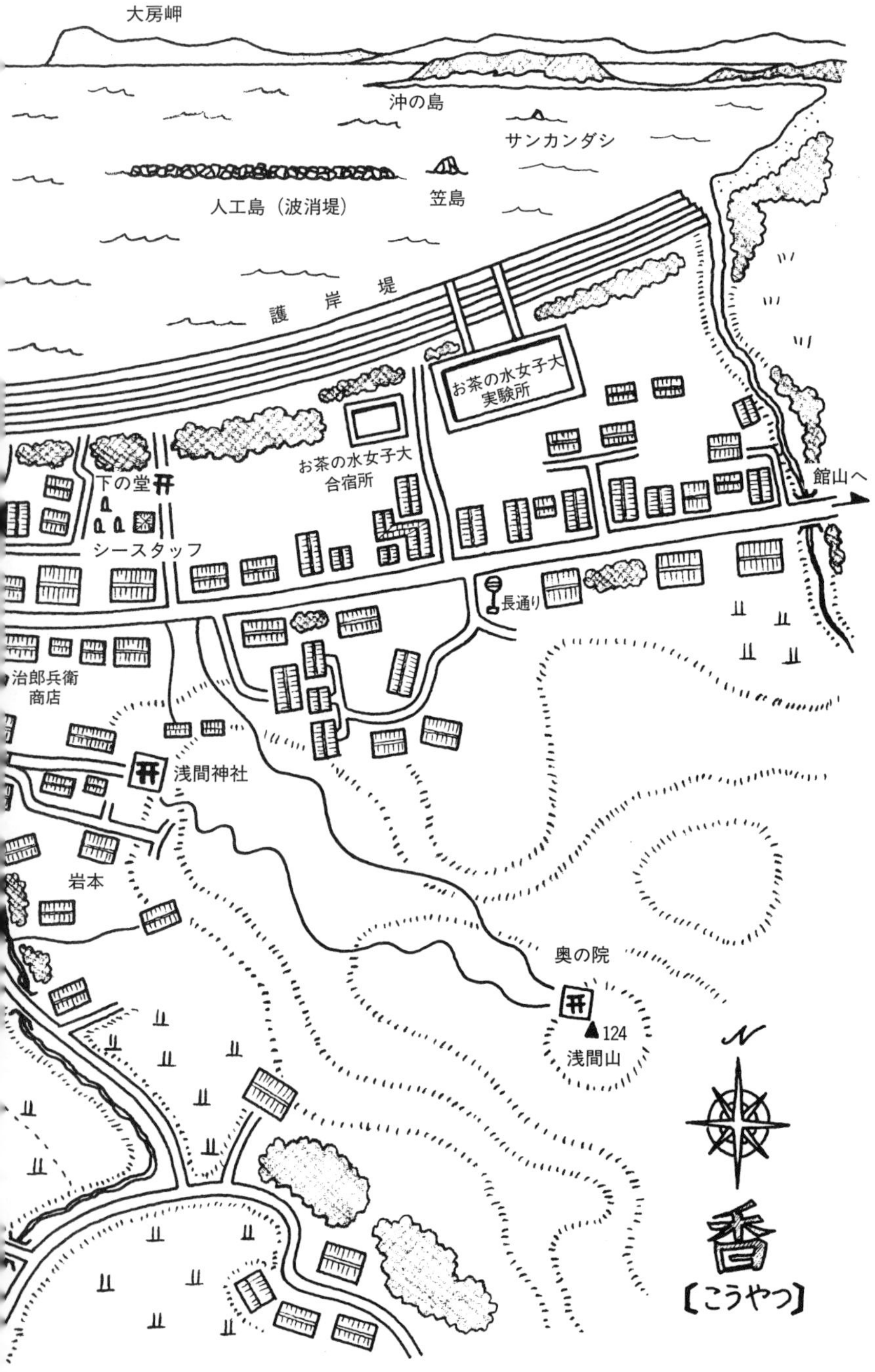
大房岬
沖の島
サンカンダシ
人工島（波消堤）
笠島
護岸堤
お茶の水女子大
実験所
お茶の水女子大
合宿所
下の堂
シースタッフ
館山へ
長通り
治郎兵衛
商店
浅間神社
岩本
奥の院
124
浅間山
N

香
〔こうやつ〕

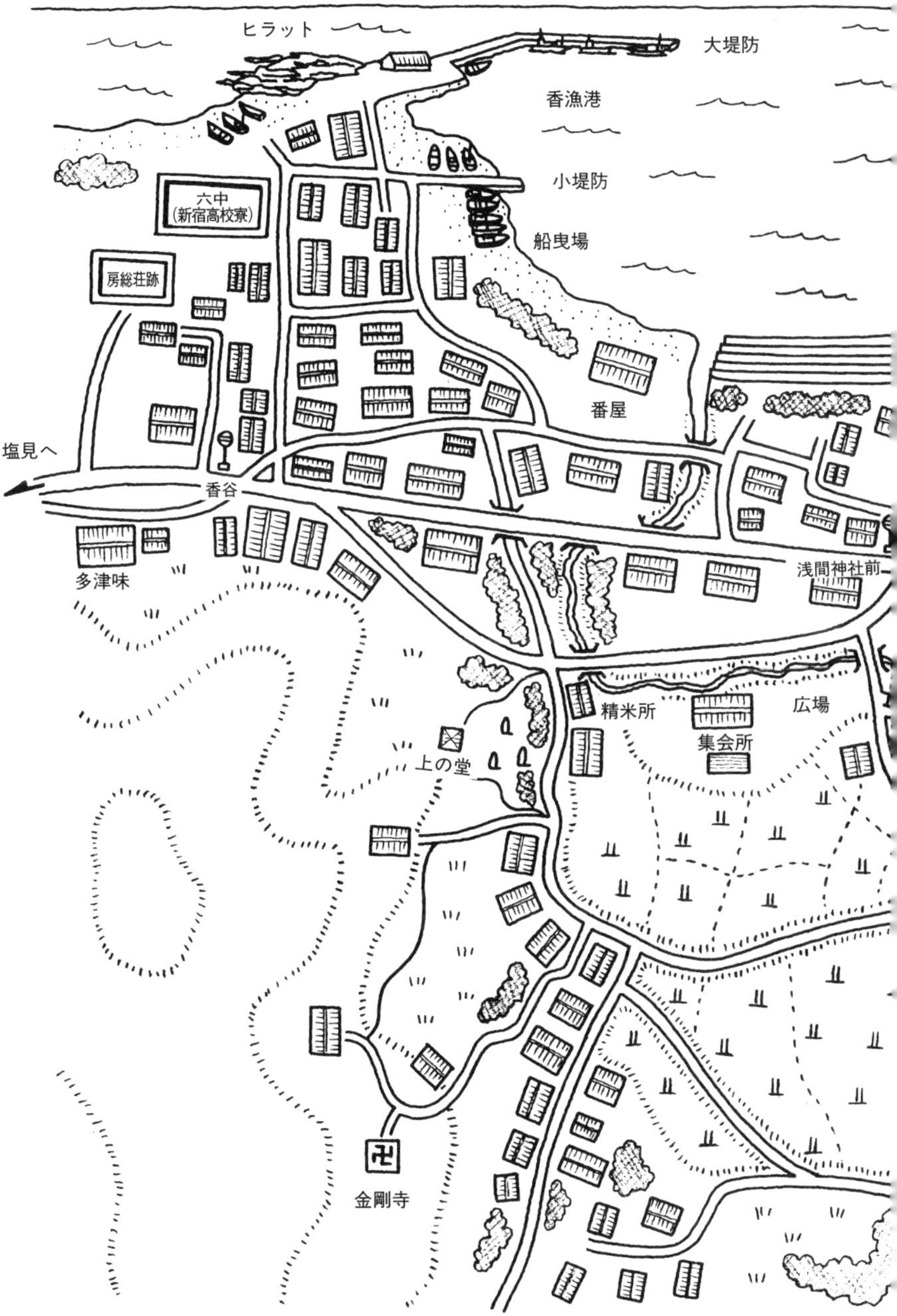
ヒラット
大堤防
香漁港
小堤防
六中
(新宿高校寮)
船曳場
房総荘跡
番屋
塩見へ
香谷
多津味
浅間神社前
精米所
広場
集会所
上の堂
金剛寺

大房岬
JR内房線
N
S
館山湾
館山
洲崎
沖の島
香
千倉町
館山市
西岬地区
（館山市）
白浜町
野島崎
太　平　洋

漁師VSインターネット

①——新世紀の正月

「わッ」

居間のドアを開けて、思わず小さく声を出した。

ソファの真ん中に、男が一人座っているではないか。

「お邪魔してます」

「あ、こんにちわ」

少年といったらいいのか、青年といったらいいのか、モサモサ頭の男だ。

娘のナツミは、そのハス前で、床に座ってテーブルに屈み込んでいる。

男はスケッチブックに、ナツミはテーブルの上の画用紙に、二人して鉛筆で絵を描いているのだ。

そうだったか。ゆうべの寝ぎわに、あしたナツミの鴨川《かもがわ》の友達が遊びに来ると女房のヨーコが言うのを、酔った頭で聞いたのを思い出した。

それにしても……。高校2年生になる娘のナツミのところに、男友達が訪ねて来たなんて……

初めてのことなのだ。

　東京あたりの知人に、

「娘は高２」

　と言うと、

「じゃあ、彼氏なんか出来ちゃって大変でしょ」

　などとよく聞かれるけど、そんな反応をする相手が馬鹿に見えるほど、ナツミの周りには男っ気がまったくなかった。

　中学のときは、確か2年生の暮に、うちで餅搗《もちつ》きをやるというので水泳部の仲間が10人くらいやってきたことがあって、その中には男子もいたけれど、あれは4、５人の団体だった。餅を食い終ると、サッカーボールを蹴ったりして他愛なく遊んでいったにすぎなかった。

　それで高校に入ってからは、公立の共学校なのに、男子が来たことはおろか、噂話を聞いたことも、ほとんどなかったのだ。

「教室の窓際で観葉植物を育ててる子がいてね。毎日、水をやって手入れしてたんだけど、連休が終って登校してきたら、みんな枯れてしまって、掃除のときに先生から〝この枯葉、始末しろよ〟なんて言われてんの。それが、男の子なんだよね、ハハハ」

　てな笑い話に、ときどき登場してくるくらいなのである。部活は演劇部に所属しており、当然、男子の部員もいるのだが、

「新人勧誘の出し物で、みんなでモームスを踊ったの」

「男子はそのとき、何してんの」

「隅の方で一緒に踊ってたよ」

それくらい、男子の影は薄い。だから、演劇部の女の子の仲間は、うちに何人も遊びに来たし、お互いに泊りっこもしていたが、男の子とはまるで縁がなかった。

それが、新世紀の正月休みに、いきなり登場とはねえ……。しかも、一人での来訪。一対一じゃないか。

ふーむ。

食卓の椅子に掛けてチラチラ盗み見ると、モサモサ頭は手入れが悪いのではなく、そういうスタイルの髪形らしい。丸顔で、真面目なような愛嬌《あいきょう》があるような、性格を見抜きにくい顔立ちである。黒いハーフコートみたいなのを着たまま、鉛筆を動かしている。

実は、この彼のことは、前から話には聞いていた。

ナツミのインターネット友達なのだ。

＊

ナツミは小さいころから絵を描くのが好きな子だった。喘息《ぜんそく》の診察で病院で長い間待たされるときでも、紙と鉛筆さえ与えておけば退屈しない子だった。……と思っていたら、中学生になってから、急に夢中になりだした。マンガというのか、イラストというのか、絵みたいなもの、を描きまくる生活になったのだ。

「何、この変な恰好した男？」

「クラウドよ」

「クラウドって?」

「エフエフのキャラ」

「エフエフって?」

「ファイナル・ファンタジーよ」

人気テレビゲームの登場人物を描くことが今の流行らしいと、42も年齢の違う親父が合点したのは、ナツミが中2のときだった。

で、気が付いたら、自分のホームページを開いていたのだ。

わが家は千葉県の館山《たてやま》市に住んでいる。東京から特急で2時間もかかる房総半島の最西端だから、インターネットの普及も、東京に比べたら遅れていたに違いない。ナツミのホームページも、最初は地元の安房《あわ》ネットという所に登録したが、今から4〜5年前のその当時アクセスしてきたのは、自分もホームページを持っている地元の連中で、

〈ホームページの開設、お目出とうございます〉

と、新入会員を歓迎する趣のものがほとんどだった。

しかし、〝日進月歩〟という陳腐《ちんぷ》な言い回しを遙かに凌駕《りょうが》して進行するこの世界。ナツミの画像処理方法も、ウィンドウズ付属の「お絵描きパッド」からタブレット、プリンター兼用スキャナー、そして専用のスキャナーへと急速に進化したし、何よりも、YAHOO《ヤフー》に登録したことが大きかった。アクセス数はたちまち1万件を超えたそうで、メール仲間が一挙にふくらんだのだ。

素性を明かした相手だけでも、地元館山の社会人をはじめ、大阪の女の子、東大の男子学生、北海道の男子大学生、アメリカのルイジアナ州にいる日本人女子高生、はては東欧の学生と称する男からも怪しげなメールが来る始末。

〝お絵描きブーム〟って、こんなに蔓延《まんえん》していたのかと吃驚《びっくり》したものだった。

*

新世紀の正月に来訪してきた彼氏も、その仲間の一人だったのだ。

メール仲間、お絵描き仲間。

そろそろ夕暮時にかかってきたが、二人は一心に鉛筆を走らせている。正月でやることのないぼくは、二人を監視するわけではないが、そのまま食卓で缶ビールを飲み始めた。

部屋はシーンとして、なんとなくバツが悪くなる。

「君はなんていうの？」

「は？」

「名前」

と、つい詰問《きつもん》調で話しかけていた。

「クロカワです」

鴨川の高校生だとは前に聞いていたが、それ以外は知らない。

「鴨川だと、長狭《ながさ》高校？」

「はい」

「ナツミの一個上《イッコ》？」

「はい」

「じゃあ、××××というの、知らない？　ここの出なんだけど」

「知ってます。2年のとき同級生でした」

「あいつ、野球部に入ったけど、レギュラーになれたのかな」

「さあ。3年で別々になったので……」

また暫《しばら》く沈黙。

「長狭高って、鴨川駅から近いの？」

「遠くないです。みんな駅から歩いてきます」

「駅のどっち方？　山側？」

「そうです。峯岡トンネルを出てすぐ左側です」

「おれ、鴨川は亀田病院とシーワールドとグランドホテルしか知らないからな……」

缶ビール2本を空けてから、起《た》って二人の絵を覗《のぞ》いてみると、二人とも、痩《や》せた眼の大きな女を描いていた。えーと、そうそう、ムンクの『思春期』の雰囲気だ。完成された一枚はクロカワ君の作品だろうか。女がカウンターに肘を付いて、背後に瓶《びん》が並んでいる。

「怪しいバーの女、か」

と言うと、二人してフフフと笑った。

その晩、ぼくは飲みに行ってしまったので、翌日ナツミに聞いてみた。

「二人で何描いていたの？」

「オリジナルのオフボンに載せるやつ」

「オリジナル？　オフボン？」

還暦間近のオヤジの頭には、俄《にわか》には納まらない文脈だ。人気ゲームの有名キャラクターではなく、自分たちなりのオリジナルのキャラクターを創出して作品を描き、そういうのを仲間で持ち寄って印刷屋でオフセット印刷してもらう本のこと——そこまで納得するのに、さらに数十語を要した。

　いやはや。

　これは還暦ウンヌンの問題ではなく、娘が違う世界に行っちまったということだ。

で、もっとひどいのが、女房のヨーコなのである。

　あっちの世界の遙か遠くまで行っちまってから久しい。いや、ホントはそれほど久しくもない
のだが、行き方が甚だしいのだ。

　クロカワ君が来た日の昼間にも、ナツミとこんな会話をしていた。

「ね、ね、ナツミ、うちのレンタルのカウンターあるでしょ」

「うん」

「ゆうべ、あそこにね、自分が作ったカウンターを載せてほしいってメールが来たのよ。ここの
デザインが気に入ったので、ぜひ置かしてほしいっていうの」

「ふーん」

「それで、その子のホームページを覗いたら、カウンターのほかにアイコンも作っているんだけど、それがシンプルで、可愛くてねえ……うちのカラーにぴったりなのよ。で、その子のプロフィールのページ見たら、なんと、高校生の男の子だったの！　男の子よ」

「へーえ」

こっちは、それでなくても二日酔で頭を抱えているのに、なんなんだ、この会話は。

「話が見えない」

「Ｎ＆Ｙの話」

「Ｎ＆Ｙ？」

「ナツミと私のサイトよ。ソーホーの一種ね。ホームページ制作とかサーチエンジン、ＣＧＩの無料レンタルなんかをやってるの」

「ＣＧＩって、コンピューターグラフィックの何か？」

「違うわよ。パール言語を使ったプログラムの一種なの。掲示板とかチャットやカウンターなんかのＣＧＩの無料レンタルをしていて、いずれは広告収入を宛にしてるんだけど、こっちはまだ実績ゼロね」

「あ、そ」

話を聞けば聞くほど判らなくなるのが、この世界らしい。

でもねえ、これが都会のオフィスでの会話なら、わかるよ。いや、オフィスなんかでなくても、東京のマンションとか、郊外の洒落た住宅の中なんかで交わされてる会話なら、そんなものかと諦めもつくが、しかし、ここは房総半島の西の端の館山市の、さらに西の外れの漁師町なんだぜ。〈地域性や国境を超えて平等に遍《あまね》く結ばれるのがインターネットです〉という声がすぐに聞こえて来そうだが、それにしたって、侵入する家庭を選んでもよさそうなものじゃないか。

オレんちは、曲りなりにも、漁師なんだぜ！

＊

そもそも、ぼくがこの土地、館山市香（「香」一字でコウヤツと読む）に住むようになったのは、今から30年も前に夏季漁師に来たのがキッカケだった。夏の2カ月、1トン足らずの伝馬船《てんません》・山海丸《さんかいまる》に乗って刺網《さしあみ》やチョコ網（小型定置網）、潜り漁などに従事し、イナダやカンパチ、サザエやアワビを獲《と》る仕事である。

夏の朝は早いから、3時には起きて沖に出るし、海が荒れて船がひっくり返りそうになったり、霧に巻かれてとんでもない場所に行ってしまったこともある。網に絡まった海草を外すのに一日中かかったり、長い網を洗って、リヤカーで運んで、干して、ときには浜の大釜で染めることもする。髪の毛は日に焼けて茶色くなるし、網やタコガメのロープをたぐる手の皮はグローブのように頑丈になり、その手をウツボに噛みつかれたり、ゴンズイの毒針に刺されたこともある。

とにかく、有無をいわせぬ肉体労働なのだったが、しかし、30歳を過ぎて初めて従事したこの漁師の仕事に、ぼくは心底魅せられてしまったのだ。人生観が変ってしまった、というか、それまで確たる人生観なんか持っていなかったのに、この体験が、ぼくに人生観を確立させたのだ。

漁師こそ、オレの生きる道だ！

職業、つまり1年の残りの10カ月を食っていく生活の資《し》を稼ぎ出す道は、テレビ番組の制作プロダクション勤務から、週刊誌の記事を書く仕事へと変ったが、しかし、夏の漁師修業は変りなく続いた。やがて山海丸の親方は漁師を引退してしまったが、逆にぼくは香に家を建てて住み着き、仕事で東京に出ていく日以外は、菊地丸やカンベ丸を手伝ったりして海へのこだわりを維持し続けてきた。フリーの記者だから休みは取りやすかったし、それに編集部でも古株のデスク（取材を指揮し、記事にまとめる責任者）になっていて、徹夜はするものの週の半分ぐらいの出勤で済むので、海に出る時間はたっぷりある。収入から見た職業は週刊誌記者かもしれないが、本音の職業は、漁師以外にないのだ。

＊

実をいうと、女房のヨーコにしても、本来はそういうタイプの人間だった。

知り合ったのがそもそも、この香。山海丸が夏の間経営していた民宿の客だったのだ。だから、知り合った最初から一緒に潜りにも行ったし、チョコ網を引くのも手伝ったし、ゴムの前掛をしてモク取り（網の海草を外す作業）もやった。生れも育ちも東京だったが、違和感なく、というよりもむしろ好んで、海の仕事に手を染めてきたのだ。ナツミが生れる1年前にここに家を建て、

「これからコウヤツに住む」

と言ったときも、喜んで付いてきた。このごろでは、香から都会に出て結婚した若者が、実家に戻りたくても嫁がイヤがるので戻れないというケースが結構あるから、それを思うとヨーコは

かなり稀なタイプなのだ。

最近では、潜ってアワビを獲るのもぼくより上手になったし、また、5年前に米作りを始めたときも、田植えや稲刈りを積極的に手伝った。

「一次産業が好きな女房でよかったなあ。たいしたもんだ」

と密かに自慢していたくらいなのだ。

＊

そうこうしているうちに、一昨年の春、待ちに待った朗報が来た。

香に住み着いてから悲願十七年、夢にまでみた漁業権がついに取得できたのだ。

やったあ！

これで、本格的に漁師になるぞ！

ところが、である。

一難去ってまた一難。

この朗報と符節を合わせるかのように、アレがわが家を襲ってきたのである。

インターネットという熱病が。

「朝起きてきたら、飯を作る前にメールを覗きに行くんだからな、たまらないよ」

「ヨーコ、洗い物をしろよ、3日前のから溜っているじゃないか」

「夕方になったら窓の戸締まりをしろよ。浜から帰ってきても玄関の明りも点《つ》いてないじゃないか、このインターネット小僧！」

最初は胸のうちで呟いていた罵詈雑言《ばりぞうごん》が、だんだん口をついて出てくるようになり、しまいには面と向ってのナジリ合いに……。

いやはや。

西暦2000年という年は、わが家にとっても、まさに世紀末的様相を呈していたのだ。

②——95前夜

しかしながら、わが家にインターネットという熱病の病原体を最初に持ち込んだのは、ほかならぬ、このぼくだった。

今から悔んでもしょうがないが、忘れもしない、あれは1995年9月28日の昼下り。つい好奇心に駆られて、パソコンを買ってしまったのだ。

館山駅前にある第一家電の広告ビラに、いきなり派手なパソコンの大広告が載るようになり、時流には流されないと気取っていたこのぼくも、ついうっかり足を掬《すく》われてしまったのである。いや、本音をいうと、もともとぼくには、そういうところがある。ワープロを購入したのだって、普通の人よりもずいぶん早かった。キャノンのワードボーイという機種で、打った文字が2行しか表示されない小さな液晶画面に、キーボードの文字配列はひらがなの五十音順という、今から見たら博物館モノの機械を、早々と買って悦に入っていたのだ。

パソコンも、このデンである。

いったん欲しいと思い込んだら、もう後戻り出来ないのだ。さっそく、広告ビラを持って第一家電に駆けつけた。ここは、もとはサカモトという百貨店で、昭和40年代までは館山の商業の中心的な存在だった。夏には屋上がビアガーデンになり、地元の高校生バンドが演奏したりして賑やかなものだった。それがいつの間にか百貨店をやめて、店舗をマクドナルドと第一家電に貸してしまったのだ。

館山初の全国規模の家電安売店ということで、ぼくもときどき覗いていたが、ここへ来て、いよいよパソコン時代の到来と打って出たらしく、3階のワンフロアーが全部パソコン売場になって、白い機械が幾つも並べられているではないか。ぼくはそのあいだを物思わしげに何度も往ったり来たりした。当時はNECと富士通とIBMがほとんどだったように記憶している。貼り紙の説明文を読んだりパンフレットを手にしたりして、どれがいいか比べているようなフリをしていたが、実のところ、ルルと書き立てられている機能なんか解るはずもない。これは、応対した店員も同じようなものらしかった。頭の禿げ上がった中年の店員だったが、

「オレ、ワープロは親指シフトでやってるんだけど、パソコンにも親指はあるのかな」

と尋ねても全然通じない。インターネットのことを聞いてもシドロモドロ。パソコンの何たるかを知らないまま売っているのが手にとるように判るのだ。勢い、機種を比べるといっても、結局は値段を比べるだけである。で、NECの一番安いやつを買うことにしたのだが、今度は、

「在庫がありません」

と言うのだ。

「今は、この展示品しかないのです」

「なんとかしてよ、すっかりその気になっちまったんだからさあ」

「数日でお届けできますが」

「数日も待てるわけ、ないだろ。今晩寝たら買う気がなくなっちまうかもしれないんだぜ」

「困ったなあ」

「困ったのはこっちだよ。他の支店にはないの？」

せっつかれて、中年店員は電話をかけまくった。

「ありました。君津《きみつ》店にあるそうです」

「君津？　君津なら2時間で来れるっぺよ。今日中に届けてよ」

もうこうなったら、聞き分けのない子供と同じである。どうしても今日中に開きたい。パソコンという秘密の世界の扉を開きたい。そう思い込んでしまったら、自分でもどうにもならないのだ。

「頼むよ。今日中だよ」

＊

この年は、地下鉄サリン事件からオウム真理教の正体が暴露されて日本中が大騒ぎした年で、ぼくも勤め先の週刊誌に毎週のようにその記事を書いていたものだ。パソコンの初購入がその年の秋というのは、一般的に早いのか遅いのか知らないが、少なくともぼくの周りでは早い方だった。

というのも、ぼくが記事を書いている週刊誌がパソコンブームを大々的に特集記事で取り上げたのは、翌１９９６年の4月だったが、その記事をまとめた、ぼくより一回り以上も若い記者も、パソコンの何たるかは全く知らなかったからだ。

四、五十人いる編集部で、当時、ワープロは半分ぐらいが仕事に使っていたが、パソコンは無かった。個人的に自宅でやっているのがいるだけで、その数も10人に満たなかったと思う。

そんなパソコン過疎地で、パソコンに関する特集記事を書くことになったのは、言うまでもなく、95年末のウィンドウズ95日本語版発売がキッカケで爆発したパソコンブームの現象だった。

時代にコミットするのが、週刊誌の命ですからね。とはいえ、パソコンを知らない人間がパソコン現象を記事にするのは、何とも心もとない。そこでぼくが、ちょっとばかりの先輩として、彼のために体験談を書いてやることにした。

〈インターネットに挑戦した54歳のサラリーマンの体験談〉

というもので、実のある体験談というよりも、俄《にわか》ブームに踊るオッチョコチョイの笑い話のような内容だった。担当記者は喜んでその一部を記事に引用したが、読み返してみると、今では忘れてしまったパソコン処女の初々しさが綴られているので、ここにその全文を再現しよう。

〔パソコンを購入したのは去年9月でした。私が住む町の二軒の電気屋がパソコンの安売り競争を始めたからです。特に、ＮＥＣのＣａｎｂｅ《キャンビー》という機種をめぐって、片方が15万８０００円にすると他方が14万８０００円にするという具合に値引き合戦を繰り返し、１カ月ほどの間についに9万８０００円にまで下落してしまったのです。

私が買ったのは13万8000円のときで、店頭でさらに1万円引きになりましたが、要するに、安売り競争に煽《あお》られて飛びついてしまったのです。今から考えると、あれはWindows《ウィンドウズ》95が出る直前の（それを搭載していない機種の）叩き売り、在庫処分だったわけですが、それにまんまと引っ掛かってしまったということです。

Canbeと同じNECのプリンターのセットで、約19万円でした。分割払いで買いました。

それまでにワープロはある程度使いこなしていましたが（富士通OASYS）、パソコンは全く初めてです。これを手に入れて何に使いたかったのかと聞かれれば、特には無いというのが本音でして、強いて言えば、まあハヤリのインターネットなるものをやってみようか、ぐらいの動機でした。

最初の戸惑いは、そもそもパソコンにはどんな機能があって、それがどのように統合されているのかという全体図がなかなか描けないことでした。また、アイコン、フォント、ファイル、フォルダなどといったカタカナ言葉にも往生しました。

簡単なワープロ機能が付いていたので、字を書いたり図を描いたりして練習しましたが、英字ばかりのキーボードの意味が判らず、間違った文字一つを消すのにも大苦労させられました。付属のマニュアルは例によって不親切きわまりないものなので、『パソコン入門』『すぐわかるパソコン』『パソコン用語辞典』『PC98入門』などという本を何冊も買い込んで少しずつ理解していきました。

が、そうこうしているうちに、今度はWindows95の登場です。これがなければパソコンじゃないといった世の風潮ですから、また一万幾ら払って買ってきて、ウンウン言いながらやっと組み込みました。

しかし、私の持っている機械は、Ｃａｎｂｅの中でも低級な機種なので、これだけでは通信はできません。モデムというパソコンと電話回線をつなぐ機械と、通信のためのソフトが必要です。この二つでまた１万５０００円くらいかかったかな。そしてＮＴＴに電話につなぐ工事をしてもらって、やっと完成です。

初めはインターネットではなく、無料で参加できる地元のネットワークに接続しました。パソコン通信というやつです。まず画面を出してから、プログラム↓アプリケーション↓ＭＳＷＯＲＫＳ↓通信と四段階を経てから、やっと電話番号の打ち込みです。それでも、

〈ようこそ館山ネットへ〉

という文字が出たときは、さすがに嬉しかった。初めて広場に出たようなものですからね。「落書きコーナー」というところに入って、みんなのお喋りを読みました。こちらからは、発信する自信も発信すべきメッセージもないので、ただ読んでいるだけでした。地元の高校別の同窓会欄があるのも、いかにもローカルだなあと思いました。

国内のネットワークでは、他にＮＩＦＴＹｓｅｒｖｅ《ニフティサーブ》に加入しました。ＰＣ《ピーシー》－ＶＡＮ《バン》と国内を二分する大ネットワークということでしたが、これに加入するには、持ちたくもないクレジットカードを銀行で作らされるハメになりました。クレジットでしか決裁しないというのだから、仕方ありません。

ＮＩＦＴＹで「映画・演劇コーナー」に入ったら「『毛皮のマリー』のチケット2枚あり」という情報があったので申し込んだのですが、やり方が間違っていたのか、返事がありませんでした。

「こちら暇な女子大生!?」みたいな項目がやたらとあるので読んでみると、みんな風俗業者の広告なのでウンザリしました。その中でひとつだけ、東京理科大の女子学生がアンケートに答えてほしいという真面目なものがあったので答えようとしたけれど、途中でやり方が判らなくなって、頓挫《とんざ》してしまいました。

インターネットに接続するには、プロバイダーという仲介業者に登録する必要がありますが、私はまだ登録していないので、先日、パソコンに詳しい友人が、自分の名前で接続してくれました。

まず「ＹＡＨＯＯ《ヤフー》」という、インターネットの内容一覧を教えてくれるプログラムを出しました。

「なんでもいいから、早く海の向うの画を出してよ」

と、せっついたら、

「これがもうアメリカから送られて来ている画ですよ」

と「ＹＡＨＯＯ」の赤い文字を指さします。そういえば、画面右上には地球型の時計が掲示されて赤い針が動いています。海を越えた実感がいっきに襲ってきてワクワクしました。

友人が帰ったあと、その「ＹＡＨＯＯ」で「ＰＥＮＴＨＯＵＳＥ」を検索しました。まあ、最初に接する海の向うの情報は、なるべく刺激的で判りやすいものがいいですからね。

しばらくすると、最新の目次が現れました。その中から「女子大生」という項目を選びました。
・西海岸の女子大生
・ビッグ10の女子大生
・アイビーリーグの女子大生
などとオイシそうな手書き文字が並んでいます。通信が進むと、大学のフラッグや女子大生の写真の一部も見えてきました。

ところが、なんです。

そこで止まってしまって、

〈これ以上のアクセスは出来ません〉

という表示が出てしまうのです。何回試みてもそうなのです。

「日曜の夜だから、日本中のパソコン持ちがこの画面に殺到しているのかな」

などとひとり言をいいながら、第一回の助平インターネットは挫折したのでした。

また来週試みるつもりです。　１９９６・４・１」

＊

ここに登場した〝パソコンに詳しい友人〟というのは、市役所に勤めるチカシのことである。祭りやカラオケ大会などの地元青年団の活動でよく一緒に飲んで、パソコンをやっているという話はちょくちょく耳にしていたが、ハンパじゃない使い手だということを知ったのは、ぼく自身がパソコンをやるようになってからだった。ぼくの一回り下だが、コボルやフォルトランが騒がれていた時代からノメリ込んでいたというのだから、30年選手。ぼくはいうまでもなく、ヨーコにとっても大先生、風上に置くのだってもったいないくらいの大御所なのだ。

ところで、この大先生のジークフリートの葉っぱは、ビールが途轍《とてつ》もなく好きだということ。そこで、パソコン処女だったあの揺籃《ようらん》の日々、ズル賢いぼくは、一緒にビールを飲もうとうちに誘っては、初歩の初歩から手ほどきを受けたのだった。彼にとっては、まあ、ムチャクチャな生徒だったことだろう。何度やってもインターネットがつながらないと、

「そもそも、インターネットって、実際に存在するものなの？」

なんてワケの判らない質問をして啞然とさせたりしていたのだから。

しかし、この大先生にとっても、ぼくの処女機は相当に難物だったようだ。

◎PC－9821Cb2B

　CPU　486DX2の66Mヘルツ

　ハード　420Mバイト

　メモリー　8Mバイト

　そして基本ソフトはWindows3・1

2001年1月に、地元のマツヤデンキ館山店が配った折込広告では、カラーインジェクトプリンターとのセットで15万円前後のものが、

　CPU　650Mヘルツ

ハード　40Gバイト
メモリー　64Mバイト

なんてなっているから、いやはや、5年半でとんでもなく成長してしまったのだ。これに比べれば、ぼくのCanbeなんて幼稚園児のようなものだ。

しかし、万事にノロマなのはともかくとしても、それにしても、わが処女機は扱いにくい、相性の悪い一物だった。ぼくにとっても、チカシ先生にとっても。

③——米作りと2号機

初めてのパソコンがうちに到着したとき、ぼく以上に狂喜したのは、当時小学6年生のナツミだった。

「死んでもいい」

とまで言ってハシャぐのだ。それまで、うちでパソコンの話なんかほとんどしたことがなかったし、ナツミの周りにもパソコン的環境は皆無だったのに、なぜそんなに嬉しがるのだろう、と奇異に感じたほどだ。

夕食もそこそこに、説明書を見ながらキーボードやプリンターをつないで電源を入れると、すぐにナツミがマウスを奪ってゲームを探し出し、トランプのポーカーに興じ始めたではないか。

「おい、おい、どこで覚えたんだよ」

「初めてだよ」

そういえば、最初はマウスの扱いにも戸惑っていたから、ウソではなさそうだ。プログラムからアクセサリーに行ってゲームを出すやり方は、ぼくがやるのを見ていたのだろう。呑み込みが早いのには驚くが、感心ばかりしてはいられない。

「これはゲームのための機械ではないからね」

「わかってる」

実はナツミには、テレビゲームとマンガはずっと禁止していた。活字の本を読み、いい音楽を聴いて、いい映画を観て……と、大正教養主義みたいな古風な思想を押しつけていたのだ。42歳も年齢が違うのだから、仕方あるまい。

ところが、その禁を破ったのは、他ならぬぼく自身だったのだ。ナツミが5年生のとき、週刊誌でテレビゲームの記事を書いた。企画した編集部の上司たちはもちろんのこと、ぼくも、テレビゲームにはどんな種類のゲームがあるのか知らなかったから、若い記者たちに聞いたり取材したりして、隆盛する一方のこの世界を概観したのだ。『信長の野望』『桃太郎電鉄』『ストリート・ファイター』『シム・シティー』……。

そんな中で、特に興味を惹かれたのが、『弟切草《おとぎりそう》』だった。ロールプレイングゲームだが、選択肢の選択の仕方によって、話の筋が何千通りにも変っていくというカラクリにマイッてしまったのだ。

「すげえ。そんなことも出来るのか」

そうなると、もう止められない。いつもの〝欲しい病〟が発病した。新宿のヨドバシカメラに電話すると在庫がないと言われ、若い記者たちも、

「今はどこでも売り切れですよ」

と憐れんだような眼で見下したが、さすが館山は田舎だ、ジャスコに電話すると、あると言うではないか。最終特急で館山に帰るとタクシーでジャスコに乗りつけ、ハードのスーパーファミコンとともに買ってしまったのだ。

　こうなるともう、切れた堤防。ゲーム機があるのにソフトが1本だけというわけにはいかないですからね。友達から次々と借りてきて興じるようになった。マンガも、夏休みに遊びに来る埼玉の従兄弟たちが持ち込むので、自然と読むようになった。かくして、蝶よ花よと育てるつもりだったナツミも、ゲーム好き、マンガもアニメも好きなフツーの小学生になってしまったのである。

*

　しかし、

「これはゲームのための機械ではないからね」

「わかってる」

　という言葉どおり、ナツミがＣａｎｂｅで遊んだのは、物珍しさのある最初のうちだけで、間もなく、その存在も忘れてしまったようだった。ファミコンのゲームの方が面白かったのだろう。

　それで、いよいよ、お父さんの出番。54歳からのパソコン修業である。

　客が来たときにしか使っていなかった六畳間に机を据え、その上に一体型デスクトップの本体とプリンター、フロッピー、マニュアル本なんかを山積みにして、日夜格闘することになった。

　最終目標はインターネットだ。しかし、前章でも触れたように、ぼくが買ったこの機種にはモデムが内蔵されていなかった。そもそも、「ユーザーズガイド」をはじめ4冊あるガイド本のどこにも、「インターネット」の「イ」の字も書いてない。インターネットの普及を想定していない時代の産物だったのだ。FAXとパソコン通信をやるには別売のFAXモデムボードが必要です、とだけ書いてある。

それで、それを取り寄せて組み込み、マイクロソフトplus《プラス》とブラウザのネットスケープを入れて試みたのだが、この機械でインターネットにつながったのは、実は、前章で書いたように、チカシが自分の名前で接続してくれたときだけだったのだ。その後、ぼく自身も地元のプロバイダーに登録し、ネームサーバーアドレスだとか何だとか、いろいろ面倒くさい設定をして、さて、いよいよ世界に羽ばたこうとしたのだが、どうしても外に出られないのだ。

モデムが悪いのかと思って、もっと通信速度の速い外付モデムを買ってきて交換してみたり、メモリーを増設してみたりもしたが、結果は同じ。

〈プロバイダーに接続できません〉

の連続だ。そのたびにチカシに相談したが、さすがのチカシ先生も、腕組みをして首をひねるばかりだったのだ。

無残な初体験。

甲斐のない格闘を半年も続けているうちに、とうとうイヤになった。世界に羽ばたくのは諦めた。チマチマ使うしかないと、ナツミの勉強ソフトを入れてみたり、ビデオキャプチャーを付けて画面をプリントアウトして遊んだりしていたが、年が明けて4月になると、田んぼを借りて米作りを始めたし、5月には潜り漁が解禁になってサザエやアワビを獲りに行く季節になったので、マウスやキーボードとも、だんだん縁遠くなっていった。

＊

今、この愛機、いや憎しみの方が多かった機械は、すべての通信機能を剝奪《はくだつ》されて部屋の隅に置かれ、ときどきナツミがゲームを作るのに利用しているだけだが、実は、ぼくが愛想を尽かしてから骨董品になるまでの間、これでもってじっくり基礎体力をつけていたのが、女房のヨーコだったのだ。

「いや、ダメ、何よこれ。どっちに行けばいいの？　私こういうの苦手なの」

パソコンが来た日の晩、ナツミの後を受けてマウスを動かしたヨーコは、意のままにならないカーソルの移動に、しまいには怒り出してしまったので、ナツミとセセラ笑ったものだが、それでも全面撤退はしなかったらしい。秘かに特訓をしていたのだ。

1月はハバノリ採り、2月ワカメ切り、3月にはナツミの小学校の卒業式や香区の住民総会。4月初めはヒジキ刈りがあり、半ばから田んぼ。

「シタバマ（下浜＝屋号）の田の作り手がいなくなってしまったんだけど、やらないかねえ」

と近所のオッカサンたちに持ちかけられて、1反半ある耕地のうちの2畝半《ふたせはん》、約80坪で稲作を始めることにしたのだ。といっても、この狭い土地のために今さら機械を調達するのもシャクなので、全部手作業でやることにした。〝房州手打ち〟と焼き印の入ったマンノウ鍬《ぐわ》を1万3500円で買い、シロ掻《か》き、クレ返し、クロ塗りから田植えまで、教わり教わり、半月以上かけてやったが、この農作業にはヨーコも積極的に参加した。同じ鍬を買ってきて、「カアチャン、違うよ、前へ前へと起こしていくんだよ」

などと近所の農夫のアドバイスを受けつつ、脚絆《きゃはん》足袋《たび》姿で、泥水を跳ね返しながら土を掘り起こしたし、苗を片手に腰を曲げて田植えもやった。

5月1日に浜の口が開く（潜り漁が解禁になる）と、ウェットスーツに着替えて朝9時から一緒に冷たい海に潜り、初日だけでアワビ20枚くらいとサザエをバケツに8分目ぐらい獲ったが、その半分はヨーコの働きだった。

と、こんなふうに第一次産業にも従事し、家事もこなし、さらに市の保健推進員や国勢調査員などというのまで引き受けさせられながら、空き時間にせっせとパソコン修業をしていたのだ。ま、週の半分は雑誌の仕事で東京で過ごさなければならないぼくに比べたら、時間的には有利だともいえるが。彼女が挑戦したのは通信ではなく、表作りだったが、その理由は、

「マウスをほとんど使わずにキーボードだけで出来るから」

というものだった。マウスアレルギーは相変らず引きずっていたのだ。キーボード操作なら、ＰＴＡの広報部員でワープロを使い、ローマ字入力で文章を打ち込んでいたので、違和感もなく馴染めたようだ。Ｃａｎｂｅに付いていたＷＯＲＫＳというソフトは、ワープロ、データベース、通信など幾つかのツールが、今から考えれば未分化のまま入っているソフトだったが、彼女はその中の表計算機能を使ったのだ。

最初は、簡単な家計簿作り。

「数字を入れていって、最後にパッと合計が出たときは感動したわ」

次が、ナツミの水泳記録の整理。ナツミはスイミングスクールの選手コースに属していて、月に1回は試合や記録会で泳いでいたので、そのタイムを表にしたのだ。

「これだと、ひと目で判るでしょ」

「なんだ、1年間で50フリーがたった1秒の短縮かい」

「でも、ジュニアオリンピックに出る力があるって、先生に言われているのよ」

「ふーん」

その次が、蔵書リストの作成。

「アイウエオ順とか何とか、秩序だって入力しているのかい？」

「目についた本を片っぱしから入れてるの。題名と著者、出版社、出版年月日なんかを。全部入れたら順番に並べ変えるつもりなんだけど、なかなか終らないのよ」

そりゃそうだろう。彼女の蔵書は、大島弓子や萩尾望都《もと》のマンガから山田詠美やアゴタ・クリストフの小説まで、優に本箱5本分くらいの量があるのだから、気の遠くなるような作業なのだ。

そうこうしているうちに、中学生になったナツミの学校で〝親子課外授業〟というのが始まった。油絵、ギター、文芸などといった趣味的な科目の授業に保護者も参加できるという試みで、その中にパソコン教室があったので、ヨーコも勇んで参加したのだ。

「笑ってしまうわよ。マウスを机の端まで動かしても、カーソルが端まで行かないので、左手の上で動かしたり、隣の机にまで行ったりしてたの。隣の奥さんも〝あら、どうしましょう〟って右に行くしね。先生も呆《あき》れちゃって〝持ち上げて戻ればいいんですよ〟って言いながら、一生懸命笑いをこらえていたわ」

「ナツミも同じ授業を受けていたんだろ」

「そうよ」

「何やってた」

「生徒たちはみんな、すぐにやり方を呑み込んで、絵を描いてた」

マウスとキーボードの扱いに習熟するのが授業の主な目的だったらしく、ヨーコも、週1回・前期だけのこの授業で、マウスアレルギーから解放されたようだ。で、慣れてくれば、もっと違うことをしてみたくなるのが人情というもの。

折よくというか、折悪しくというか、6月の末に駅前の第一家電が〝改装再オープン〟と銘打って大々的な売出しをやるという広告が出た。

富士通のパソコンが14万8000円、限定5台、とある。

「買うか」

ぼくもまだインターネット処女を卒業していないので、多少の未練は残っていたのだ。10時開店の当日、ヨーコとともに整理券をもらって9時半から店の前に並んだ。物を買うために整理券までもらって列に並んだことなんて、ほとんど記憶にない。ドアが開くまでには20人以上の列になっていた。これがみんなパソコン希望者だったらどうしよう、限定5台だからなあ、と心配していると、ぼくらのちょっと前に並んでいた作業員風のジイサマが、

「それにしても100円とは安いよな」

と誰にともなく言った。

「ところで、マウスパッドって何かね」

ヨーコが必死で笑いをこらえた。

ドアが開くとともに駆けるようにして3階の売り場に行き、お目当ての品物を注文した。1番だ。残りは4台になったわけだが、ほかに客は来る様子がない。

「なんだよ、みんなマウスパッドの客だったのか?」

慌てることはなかったのだ。注文を済ませてから改めて店内を歩くと、その変りように目を見張った。パソコンやプリンターだけではなく、ケーブルやメモリーなんかの部品も豊富に置いてあるし、両サイドの壁はソフトとマニュアル本でぎっしりではないか。

「もうヨドバシカメラまで行く必要はなくなったな」

「ホントね」

店員も変った。前にいた生半可な中年店員はいなくなり、パソコンに関する質問には何でも答えられるようなプロ店員が配備されていた。実際、その店員には、機械に不具合が生じるたびに何くれとなく相談にいったものだ。

豊富な品揃えに豊富な情報。これで、館山のパソコン文化が一気に花開くのではないかとさえ思われたのだったが、しかし、第一家電のこのパソコン部門拡充は2年くらいしか続かなかったと記憶している。Win95で煽《あお》られたブームが下火になって、パソコンの売れ行きが一時落ち込んだとき、第一家電はアッサリ、唐突に、パソコン部門から撤収してしまったのだ。それ以降、館山でパソコンを扱っているのは、後発のマツヤデンキだけになった。

ま、それはともかく、かくしてわが家に登場することになったパソコン2号機。
◎富士通デスクパワーFMV5100D5
CPU　Pentiam100Mヘルツ
ハード　850Mバイト
メモリー　8Mバイト

1号機と比べてそれほど性能はアップしていないが、何よりもモデムとインターネットエクスプローラが最初から搭載されていることが買い目。インターネット対応がされていなかった1号機には、歯がゆい思いをさんざんさせられましたからね。この2号機だって、パンクして修理に出したり、結構手を焼かされたけれども、曲りなりにも世界とつながったし、なかんずくヨーコのパソコン技術向上には多大の貢献をしたのだった。

④——パソコンどころではない夏

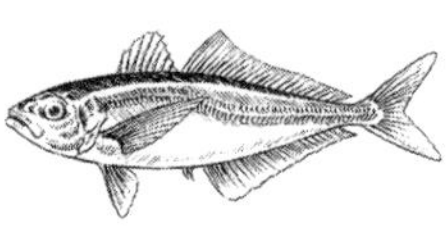
アジ

しかしながら、行列までして買ったこのわが家のパソコン2号機も、すぐには活躍しなかった。そのころぼくは、まだNECの1号機にこだわっていた。インターネットは諦めたけれど、新しい遊びに熱中していたのだ。

出回り始めたデジタルカメラである。

光学式カメラは中学のころから結構馴染んでいたし、長年ニコンF2を愛用していたくらいだから、カメラの原理や扱い方はおおよそ心得ていたが、デジタルカメラとなると、こりゃ次元が違うもんなあと、ここでまた、新し物好きのビョーキが頭をもたげてしまったのである。

試してみなけりゃあ。

理由はもうひとつあった。週刊誌の仕事に効果バツグンに違いないと踏んだのだ。時間と競争の週刊誌の作業では、締切り間際に地方の出張取材があったとき、取材原稿はファックスで送れるが、写真は送れない。当時、そういうときは、出張班のなかの一番若造の記者が翌日早く起きて、昼ごろに編集部に到着できる飛行機や新幹線に乗ってネガを運んでいた。飛行機の便が取れないときは貨物便にして、編集部からバイク便が羽田空港まで取りに行っていた。1996年といえば、マードックと孫正義《そんまさよし》がテレビ朝日の株を買収したりして、通信革命がマスコミにも及び始めた年なのに（この記事はぼくが書いた）、わが編集部はまだこんな原始的な現物主義で対応していたのだ。

写真を電送できれば一発！　そうなれば若造記者も先輩記者たちと一緒に〝仕事後の一杯〟に付き合えるではないか。

当時、編集部にもやっと共用のパソコンが1台入ったので、出張先でデジタルカメラで撮った写真をパソコン通信で送ればいいじゃないか、と考えたのだ。それで会社に提案して金を出してもらい、ぼくが実験することになった。

そのころ、家庭用のデジタルカメラは30万画素が一般的で、値段は5、6万円といったところ。ぼくはその中から、リコーの製品を選んだ。読み取りソフト、通信アダプター、モデムなんかを付けて、全部で20万円を超えた。で、それを家に持って帰って、さっそく試そうとしたのだが、これがまた一筋縄ではいかないのだ。

家族の顔や室内を撮影して液晶画面やテレビで見るのは簡単だが、パソコンに読み込ませるのにひと苦労。接続ケーブルが必要だと言われて買ってきたら、これがDOS—V用だったりで、やっと画面に出してプリントアウトするまでに5日。次は、それを電話回線で送る実験だが、これがさらに厄介《やっかい》で、

「ニフティで送って、マイトークで受けて……」

などとやっていたが、1週間でとうとう投げ出してしまった。編集部のパソコン通の若い記者にセット一式を渡して後を託したのだったが、結局、出張先からの写真電送システムは陽の目をみなかったみたいだ。

で、これでさっぱり1号機とは縁を切って、いよいよ富士通の2号機、念願のインターネットだ、と行きたいところだったのだが、そうはいかないところが海辺の住人の哀しさ、すぐに7月に入って、パソコンどころではなくなってしまったのだ

7月15日が地元の浅間《せんげん》神社の祭礼。

〽船のミオセにウグイス乗せて
大漁大漁と鳴かせたい

……

などと歌いながら、ハクチョウという白い装束で米俵9俵分の重さのある神輿《みこし》をかつぐ勇壮な祭りだが、準備や後片付けで、1週間は頭の中は祭り、祭りで真っ白になる。

それで夏休みに入れば、子供たちがどっと押しかけてくる。埼玉の甥っ子たち、ナツミの東京の友達、そしてその親たちも。かつては、この狭い家に14人が泊ったこともあったほど、夏のわが家は民宿と化すのだ。

折からアトランタ・オリンピックの年、世界中が夏祭といった風情で、子供たちも遊びまくった。その遊びがまた、海水浴なんていう優雅なものではなく、ぼくを船頭に仕立て、伝馬船を海に浮かべて遊ぶという贅沢なものなのだ。連中の好みは、船から飛び込んで海底のヒトデをやっ

と取って来れるぐらいの深さ、という注文なので、香海岸の100メートルくらい沖にある人工島（緩波堤）の少し手前に錨《いかり》を打つようにした。

この船を足場に、子供たちは、バック転や2回ひねりで飛び込んだり、船の下をくぐったり、人工島の周りを潜って魚を鑑賞したり、ときにはサザエを獲ってきたりと、目いっぱい遊ぶのである。夕方になると、女房のヨーコがマック、マリー、フェリーの犬3匹を連れて浜から泳いでくるので、いっそう賑やかになる。犬どもも泳ぎは達者で、ハスキーとセッターの雑種のマックなんか、全長100メートルはある人工島の周りを悠々と一周して平気な顔をしているほどのスイマーである。本気で泳いだら、選手コースのナツミより速いのじゃないか。実際、船嫌いのマリーが浜に向けて逃げだしたとき、ナツミが全力で泳いでも追いつけなかったことがあったもの。

そして一日の締めくくりはヒトデ取りごっこだ。それぞれ潜っては2つ3つと取ってきて船のバケツに活《い》かし、最後は、運動会の玉入れみたいに数えながら海に返してやる。こんなふうにして、いつも、夕陽が洲崎《すのさき》灯台の上にしなだれかかる4時過ぎまで、中学1年のナツミや従兄弟、友達、そして時には近所の小学生まで交えて、海の上で楽しむのである。

その間、ぼくは何をしているかというと、番人だ。船の上で立ったり腰掛けたりタバコを吸ったりしながら、監視する役。『ライ麦畑でつかまえて』のコールフィールド少年みたいだが、船を運転できるのはぼくだけなのだから、仕方ない。

船を出すとき、

「今日も観光船だよ」

と言っては漁師のヒデさんなんかに苦笑される毎日なのだ。実際、日焼けを嫌う大人を乗せるときなんか、船の真ん中にビーチパラソルを開くこともあるのだから、こりゃもう立派な観光船ですよ。

船の番人に退屈すると、メガネをつけて人工島に潜り、サザエやアワビを獲ってきて、アワビは海水で洗ってすぐに刺身にして食わしてやる。これがまた、子供たちは好きなんだ。ウニも人気がある。ワタリガニ（タイワンガザミ）や舌平目《シタビラメ》を突いたときは、晩のおかずにする。一日があっという間に過ぎていってしまう。

それでも、遊びの機会は、これでもかとばかりに次々とやってくる。

7月の最終日曜日は、コウヤツの子供たちのためのバーベキュー大会。浜にテントを張り、カマドを作って、ヤキソバ、ヤキトリ、イカ焼きなんかを御馳走し、船でちょっとしたクルージングをしたり、スイカ割りをしたりして一日遊ぶ。

8月8日は館山市の花火大会なので、菊地丸の釣り船に乗せてもらって、みんなで見にいく。館山市のメーン海水浴場である北条海岸から打ち上げられる花火を、海の側から見物するのである。海中仕掛け花火なんかは、すぐ近くで炸裂《さくれつ》するので圧巻だ。オニギリやヤキトリをつまみながら、大人たちはビールを飲みながら、夜の海の上の宴会を堪能するのだ。

旧盆には、青年団が主催する香地区のカラオケ大会がある。ぼくも55歳ながら一応は青年団員なので、ポスター張りから賞品揃え、プログラム作り、舞台進行まで大車輪だし、出演するナツミとヨーコは「空も飛べるはず」や「ミッドナイト・シャッフル」なんかを練習してその日にそなえる。

と、恒例の遊びや行事に忙殺されるかたわら、もちろん、漁業も忘れてはいなかった。だって、ぼくの真情は、心の天職は、漁師ですからね。

山海丸の親方はすでに亡くなって山海家は漁業をやめていたので、ヒデさんのカンベ丸やマサルの菊地丸に乗って、刺網やチョコ網を手伝っていたのだ。この年、菊地丸のチョコ網には、ワカシ（ブリの小さいの）やショゴ（カンパチの小さいの）、アジなんかがいっぱい入ったし、アオリイカも結構豊漁だった。そうそう、売れる魚ではないが、ウルメイワシもよく入った。

「今晩は寿司だぞ」

「わーい、トロ、大好き！」

「ウルメの握り寿司だ。トロより美味いんだぞ」

手伝いではなく、自前でやる漁業は、そして、ぼくがいちばん自信を持っているのは、潜り漁である。8月に入るとまた浜の口が開くので、ヨーコと沖の島やサンカンダシに出かけて、初日だけでタルに8分目、20キロ以上も獲った。数にすると200から250個といったところである。サザエも豊作の年だったのだ。アワビは、サザエみたいにはいかないが、それでも、400グラム以上の大きなのを2枚、3枚、掌《てのひら》大のは10枚近く剝がす。みーんな、客の御馳走か、お遣い物になってしまいましたけどね。

「バーベキューやるから、サザエ頼むよ」

なんて気軽に言ってくるのは、大工のイサオだ。

「誰とやるんだ」

「施主《せしゅ》だよ」

イサオは東京人の別荘を建築中だった。

「わかった。何人だ」

「えーと、全部で10人くらいになるんじゃねえか」

接待相手だけではなく仲間も呼ぶから、ハンパな人数じゃない。

カマス、ワカシ、カワハギ、イセエビと豪華な海の幸に加えて、サザエの壷焼とアワビの刺身だ。

「まアッ!」

と東京人は絶句することになる。

そして夏が終りに近づくと、今年はさらに忙しくなる要素が加わっていた。例の、田んぼだ。ぼくが小学生時代に描かされた絵カレンダーでは、四月桜で五月が田植え、そして刈入れは十月だったように記憶しているが、コウヤツの農事暦は、とにかく早いのだ。気の早い農家だと、盆が終って親戚が帰るとすぐに稲刈りにかかる。

わが家でも、7月末から、草むしりやスズメ避けの防鳥ネットを張る作業はそこそこにやっていたが、刈り入れとなるとねえ……。

「お宅がいちばん遅く植えたのに、いちばん良くできている」

なんて褒《ほ》められて悪い気はしないが、何もかも初めての素人には、かなり重荷だ。どんなふうにやるのか、みんな面白がって観察しているんだから。

まず竹を切ってきて掛け干しの台を作ってから、ヨーコと二人で鎌で刈った。藁《わら》をもらって、刈った稲をぶっ違いに縛る縛り方を教わり、竿に掛けていく。全部刈るのに3日かかった。

「やっと刈ったよ」

久しぶりに浜に出て漁師のヒデさんに報告すると、ヒデさんはニヤニヤしながら、

「手で刈ったんなら、こわし（脱穀）も足踏みでやれよ」

と言うではないか。

「機械がないよ」

「どこかにあるよ」

不思議なもので、その帰りにタロエミ（太郎エ門＝屋号）の前を通りかかると、おっかさんが、

「うちに、昔使った足踏脱穀機があるよ」

と、物置から出してくれたのだ。イワモトのところでは足踏みでやる、という話が部落に伝わると、今度は、菊地丸のマサルのおっかさんが、唐箕《とうみ》という人力送風の籾《もみ》選別機をくれたので、
結局、最後まで人力だけでやるハメになってしまったのだ。外部動力を使ったのは、精米所の籾《もみ》擦《すり》機《き》と精米機だけ。さすがに、精米も石臼でやれという人はいなかったんでね。ともかく、ナツミの運動会の弁当に新米を間に合わすことができて、

「美味しかったよ」

と言われたら、残暑のもとでの苦労も消し飛んでしまった。

足踏脱穀機と唐箕

足を踏むとドラムが回転し、稲穂から籾を分離する。

ハンドルを回すと風が送られ、籾と籾ガラやゴミを選別してくれる。

これで、疾風怒涛の夏も、ようやっと終った。

と行きたいところだが、しかし、9月になって田んぼが終ったら書斎の人に戻れたかというと、そうもいかない。潜り漁は禁止になっても網の漁はつづいているし、それにゴンズイ獲りも始まるという具合で、東京での仕事のほかは浜に通いつめる毎日に変りはなかった。

＊

というわけで、6月に14万8000円をはたいて購入した富士通のパソコン2号機も、夏のあいだはほとんどお蔵状態で机の上で無聊《ぶりょう》をかこっていたのだが、実は、夏が本格的に始まる前に、ちょっとだけ、いじったことがあった。

1号機よりも容易にインターネットにつながったので、さっそく「PLAYBOY」に接続。まあ、毎度同じことをやっていたわけである。ところが、ある程度まで画が進むと、ここから先は有料という表示が出て止まってしまうので、

「金払ってまで見るものじゃないよ」

と敬遠してしまったのだ。じゃあ次に何をすればいいか。誰かのホームページを覗いてみるか。たまたま、その1カ月ほど前に週刊誌で〈インターネットでホームページを開いた銀座ママ〉という記事を書いてアドレスを控えていたので、そのホームページを見てみた。店の紹介のほか、いろんなものがゴチャゴチャ書いてあったが、今から考えると、あれはリンク集だったのだろう。

しかし、他人のホームページを覗くのだって、2、3回やれば飽きてしまうし、ほかに誰かのアドレスも知らないし、よく考えてみれば、ぼくはネット上で誰かとコミュニケーションを持ち

たいなんていう欲望はさらさら無いことに、ハタと思い当ったのだ。

ふだんから付き合っている飲み仲間や、コウヤツの漁師や百姓たちとの交流だけで充分ではないか。海や山や田畑にやりたいことがいっぱいあって、今さら新しい世界に顔を突っ込みたいなんて全然思わない。

そうか、オレにはインターネットなんて必要ないんだ。

てな悟りを開いたまま過激の夏に突入したものだから、秋になっても、ときどきNIFTYで何かを調べる以外は、ほとんどパソコンに近づかなくなってしまったのだ。

可哀相な2号機械。

だが、捨てる神あれば拾う神あり。スゲなく見捨てたぼくに代って2号機の新しい主人になったのが、女房のヨーコだった。素直なこの女主人は、パソコン入門CDからちゃんと勉強して、じっくり力を付けていったのである。

⑤――新聞をホームページに

かくして、早々とインターネットとは縁を切ったぼくだったが、その威力をまざまざと見せつけられ、その有難味を痛感させられる事態が、ほどなくやってきた。

仕事の上でのことだった。1996年12月に発生し、解決までに4カ月がかかった「ペルー日本大使公邸人質事件」である。

日本人、日系人、ペルー人72名が人質となったこの事件では、ぼくが仕事をしている週刊誌の編集部からも、さっそく記者の一人が現地に飛んだが、膠着《こうちゃく》状態がつづいて、なかなか実のある取材ができない。そこで、勢い、犯人や大統領、軍部などの内幕を伝える現地新聞に頼ることになり、特派記者はそれらの新聞紙面をせっせとファックスで送ってくるようになった。それをスペイン語の翻訳者に翻訳させて、軍事評論家や中南米研究家などの話と織りまぜながら記事を作るのである。

ところが、問題は、このファックス。通信事情が悪くて、送られてきた字が乱れている場合が多いのだ。

「おいおい、1面のいちばん肝心なところが流れてるぜ。これじゃあ翻訳家も判読できないだろう」

と頭を抱えていると、若い記者がやってきてケロッと言うではないか。

「あ、『Republica《レプブリカ》』紙ですね。それならインターネットで読めます」

「えーっ？　どれどれ」

なんのことはない、ファックスで送られてきたのと同じ紙面が、画面上にくっきりと書かれて、主犯セルパの写真も鮮明に写っているではないか。

パソコンの何たるかを40代の記者が四苦八苦して書いたのはほんの1年前だったのに、すでに、パソコンをやすやすと使いこなす若い編集部員は揃っていたのだ。

「すぐにプリントアウトして」

以後、人質が開放されて事件が解決するまでに、どれほどインターネットのお世話になったことか。

＊

というわけで、インターネットって個人的にはあんまり興味はないけれど便利なものだなと、認識を改めさせられたところに、意外や意外、次にインターネットの洗礼を受けたのは、ノリだった。

ノリ。

地元の飲み仲間で、ぼくより二回りくらい下だが、まあ、ぼくの悪友の一人である。館山の高校から東京の印刷会社に就職したのに、突然辞めて帰郷してきたのが30歳のころで、地元の印刷会社や冷凍会社に勤めたけれどどれも長続きせず、「猫の手サービス」という〝何でも屋〟を始めて草刈りや民宿のマイクロバスの運転なんかを請け負ったが、これも本腰が入らず、結局、市内の半導体工場に就職したという、糸の切れた凧《たこ》みたいな愉快なヤツである。

腰は座らないが、突飛《とっぴ》なアイデアと行動力には長《た》けた男で、スポーツ紙の広告で見たといって通関士の通信教育を受けたと思ったら、一発で試験に合格したりする。もっとも、館山には通関士の仕事なんかないから、それに本人は館山を出る気はさらさらないのだから、ナーンの役にも立たない資格なんですけどね。

そんな男がまたまたスポーツ紙で見て、

「これだッ！」

とバラ色の未来を夢みたのが、パソコンの通信販売の広告だった。それまでぼくやチカシがパソコンの話をしても、爪の先ほども興味を示さなかったのに、何かのはずみで頭の中の歯車がカチッと嚙み合ったとたん、これぞこれからのビジネスツール、と確信したようなのだ。さっそく、プリンターからラックまで付いて24万幾らの富士通の機械を分割払いで購入した。

戸数約100戸、人口250人のコウヤツ地区で、チカシとわが家の2人に次ぐ4人目のパソコン使いが登場したわけである。

ペルーの人質事件が大詰めに近づいて、大使館公邸の地下にトンネルが掘られたウンヌンと言われていたころである。そうそう、彗星《すいせい》のごとく現れたタイガー・ウッズがマスターズを初制覇したのも、この頃だったな。ゴルフは全然やらないぼくだけど、その記事を書いたのがぼくだったし、ゴルフはそこそこに巧いらしいノリが、酒を飲んだときによくタイガー・ウッズの話題を持ち出していたので思い出したのだが、しかし、肝心のパソコンのほうは、ゴルフクラブほど思いどおりにコントロール出来ないみたいだった。

「6時間も画面を見てて、目が変になった」

と、うちにヤケ酒を飲みにきたかと思うと、

「ファックスが送れないんだ。ちょっと見にきてよ」

「文字がアラビア語みたいになっちまった。どうしよう」

と電話してきたり、

「ちっ、なんだよ、まったく。海に持ってって捨てちまいたいよ」

とグチったりと、けっこう悪戦苦闘していたのだ。ひどいときには、

「パスワードって、何だっけ?」

とまで聞いてくるのだから話にならない。

で、結局ノリも、パソコン大先生のチカシの教えを乞うことになったわけだが、そのことが、事態を思わぬ方向へ展開させることになった。

「そうか、新聞のホームページを作ろう」

と、誰言うともなく言いだしたのだ。

新聞。

これも、言い出しっぺは、アイデアマンのノリだったんだよね。コウヤツの青年団・香会（かおりかい）の会長が菊地丸のマサルだったときのことだ。

「館山に住んでいても祭りに来ないヤツや、都会に出ていってしまって祭りに戻ってこない連中を、なんとか呼び戻す方法はないかなあ」

とマサルが切り出すと、

「新聞を出すべえ」

と提案したのが、ノリだったのだ。それでノリとチカシとぼく、山海丸の伜《せがれ》でNTT勤務のヤスヒロ、お茶の水女子大学臨海実験所技官のヤマちゃん、船のモーター屋シースタッフ経営のナオキとの6人で、隔月の新聞を発行することになった。

「こうやつ新聞」第1号を出したのが、1994年4月。

世の中は、戦後体制に風穴を明けた細川内閣が早くも崩壊して政界が賑やかな季節だったが、こちらは、房州の片隅に産声をあげたささやかな地域紙である。A3の紙の、片面だけの新聞だった。内容は、まず、香会会長の挨拶と区長の激励の言葉。区長というのは、都会でいえば町内会長だが、〝区費〟という会費を握って行政の末端を担っている地元の実力者なのである。

実質的な記事は、祭礼のときに立てる幟竿《はたざお》が古くなったので新調しましたとか、集会所を建てるための積立を始めましたなどという区長からの伝達事項のほか、ハマチョウ（浜長＝屋号）のオヤジさんが語ってくれた子供時代の思い出「昔ばなし」、地元の子供たちの卒業・入学を伝える「おめでとう」欄や訃報、またマサルの菊地丸にマンダイという珍しい大きな魚がかかったので、それを写真入りで伝えたりした。

紙面は、ぼくがワープロで打って作ったが、飾り罫《けい》どころか、まだ罫線の引き方も知らなかったので、モノサシと鉛筆を使った稚拙なもの。文章を書く以外にワープロを使ったことがなかったのだから、仕方ない。写真は、当時のコピー機の性能では、カラープリントの印画紙をそのままコピーしたのでは劣化してしまうので、シルクスクリーンを掛けて白黒コピーしたが、ドットの目立つ見苦しいものだった。

その後、必要に迫られて、いろんな技も習得し、コピー機の性能も抜群に向上したので、新聞もA3の両面コピーで発行するようになり、どうやら見苦しくない紙面が作れるようになって、ノリがパソコンに目覚めたときには、19号まで出ていた。

＊

それをインターネットでも読めるようにしようというのだ。

「そりゃ、いい」

と、ぼくもノリも、つい賛同してしまったのだが、ホームページを作る技術を持っている人間なんて、チカシしかいないじゃないか。というわけで、桜が満開の4月初め、ノリのパソコンが置いてあるシースタッフの事務所にチカシ先生とノリと3人で詰めて、ホームページ作りに専念することになってしまったのだ。

ところが、コトはそんなに簡単じゃなかった。ぼくの浅はかな考えでは、新聞紙面をコピー機にかけるみたいにスキャナーで画面に載せて、そのあとで特殊な技法を使って、世界に張りめぐらされたネットに乗せるものだと思っていたのに、とても、とても、そんな安直《あんちょく》なものではなかった。それ用の文書形式があって、いちいち変換しながら、紙面そのものを改めて画面上に作らなければいけないというではないか。

「HTMLって、どういう意味?」

「何だったかなあ……ハイパー・テキスト何とか、だったと思う」

「ふーん……」

ふーん、なんて言ったって、それでカラクリが理解できるはずがない。ノリとぼくはただ、チカシが操作する数字や記号の画面を、

「へーえ……、ほーお」

と、感心して眺めていて、ピョヨヨーンと音がしてアップが完了したときに、ヤッターと拍手するだけの役割である。

館山市の広報ページも手掛けたチカシはさすがに手慣れたものだ。題字の下にはコウヤツの海と山と桜の写真を並べ、海岸で波の音を録音してきて、表紙を開くと懐かしい故郷の潮騒の音まで聞こえてくるという凝りようである。

「カウンターもあったほうがいいな」

「何?　カウンターって」

「アクセス数が記録されるやつだよ」

「ふーん」

「それから伝言板と……投稿欄も別にあったほうがいいかな」

この作業には正味2日を要した。最初はインデックスというのか、枠作りである。

題字と海と写真の下に、

〈「こうやつ」は地名です。漢字で香と書いて、千葉県館山市の海岸に位置する、約100世帯の地区です。こうやつ新聞は、香の青年団が隔月で発行している地域紙です。どうぞ南房州の西の果て情報をお楽しみください〉

と自己紹介してから、
◇トップニュース
◇香ニュース
◇住民の紹介と消息
◇香の海と田畑
◇昔ばなし
などの項目を並べた。紙の新聞で作った記事をばらばらにして分類し直すというのだから、ぼくから言わせれば二度手間、実に面倒な話だと思ったけれど、ホームページの読者は、こういう形式で読むものだと言われれば、それに従うしかない。

で、次が具体的な記事を注入する作業である。ホームページ新聞第1号の記事は、
・集会場の落成／平成9年度の地区人事
・ヒジキ刈りの成果／桜の狂い咲き

・同級生の消息／入学・卒業
・ゴロゼミ（五郎左エ門）さんの小学生のころの思い出話
などだったが、ここでも作業はスンナリとはいかなかった。ぼくがOASYSのワープロで打って作った記事は、フロッピーでパソコンに移そうとしても、なかなか受け付けないのだ。「WORDのATOK《エートック》とどうもウマが合わない」と、チカシ大先生がいろいろ苦労して、2時間以上かかったかな、やっと読み込ませたのだった。

それで、何とかホームページの形を整え、1997年4月15日発行の20号に、

〈「こうやつ新聞」発行から3年　インターネットでも配信〉

と、カッコつけることが出来たのである。

〈さて、発刊4年目に入るにあたり、「こうやつ新聞」は新しい試みに挑戦することにしました。いま、世界を席巻《せっけん》しつつあるインターネットに、「こうやつ新聞」も接続しようというのです。パソコンと電話回線で結ばれたインターネットは、いわば全地球規模の新聞ですが、その一画に、「こうやつ新聞」も自分の紙面を持つのです。そこに登録すれば、世界のどこからでも瞬時に「こうやつ新聞」を読むことができるのです。香から遠く離れた人でも、家にいながらにして読むことができますし、もしかしたら、とんでもない外国から感想が寄せられるかもしれません。楽しみです。

世界に広がりを持った「こうやつ新聞」をこれからもどうぞ御支援ください。

編集長　白石　徳人

「こうやつ新聞」アドレス

http://www.awa.or.jp/home/ko126/

発行部数が、部落内に配る100部と、コウヤツを故郷に持つ者への発送分の100部弱、合計200部にも満たないミニ新聞にしては、ずいぶん大袈裟《おおげさ》な文面だが、まあ、笑って許して下さい。なにしろ、住民の7割近くが60歳以上のジイさま、バアさまなので、これぐらいクドく書いても、おそらく真意は理解してもらえなかったと思うのだ。

インターネットをやったことのない人にインターネットの何たるかを教えるというのは、実際、至難の業なんですよねと、ここではイッパシの先輩ヅラをしてみせるわけである。

こうやつ新聞

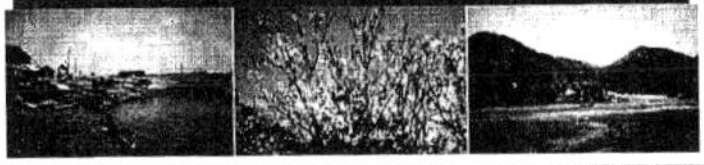

「こうやつ」は地名です。漢字で香と書いて、千葉県館山市の海岸に位置する、約100世帯の地区です。こうやつ新聞は、香の青年団が隔月で発行している地域紙です。どうぞ南房州の西の果ての情報をお楽しみください。

「こうやつ新聞第55号」－2003年1月15日発行－

に発行する予定です！　次号は、2003年2

2003年2月5日18時48分1秒

こうやつ新聞を読んだのはあなたで030402人目です。（平成9年9月24日からカウント）

★房州の暮らしをお届けするインターネット商店街を、本紙編集長・白石徳人を代表に香青年団有志で始めました★
参加店を大募集しております
詳しくは下の看板をクリックしてください

房州 Shopping mall

★その房州ショッピングモールに入る形で、香青年団有志で始めた西岬の産品の直販ネット店はこちらです★

房州西岬の花・魚販売

「こうやつ新聞」のホームページ。
隔月15日の更新で、香の地域のニュースが読める。
http://www.awa.or.jp/home/ko 126

⑥——コウヤツとインターネット

ブダイ

「こうやつ新聞」のホームページをアップした翌日、そのことが地元紙の「房日新聞《ぼうにち》」をはじめ、全国紙の地方版でも幾つかに紹介された。ほとんどが写真入りで、中心になって画面に見入っているのは、どれも編集長のノリである。

ヒナにはマレな快挙、というわけだが、では、この快挙に地元も沸《わ》き返ったのかというと、いやはや……。

前の晩は〝ホームページ完成お目出とう〟ということで、チカシやノリやナオキ、ヤスヒロたちと、ぼくらの溜まり場である「多津味《たつみ》」で痛飲したので、目が覚めたのは昼近くだった。ラーメンを食って、ボーッとしながら田んぼに出ていった。

早くも米作りの2年目が巡ってきていたのだ。クレ返し、二度目の掘り起こしである。隣の田でも、ロバンジョのマチコさんが鍬をふるっていた。ノリの母上である。ロバンジョ（櫓番匠）というのはノリの家の屋号で、ノリの祖父の代までは船の櫓を作る家だったのだ。

「房日、読んだ？」

「読んでない」

「ノリが出ているよ」

「ノリが何した？」

「インターネット。こうやつ新聞をコンピューターで世界につなげたんだよ」

「けッ、ノリにインターネットが判るのかい？」

そりゃ、あんまりですよ。それじゃノリが可哀相ですよ、と言いたいところだが、母親の照れは別にしても、地元コウヤツの受け取り方は、まあ、そんなものなのだろう。

このノリは、今日は工場の勤務日で帰りは遅い。夜の飲み会の希望もないまま、仕方なく田の土を掘り返していると、ナオキがバイクでやってきた。

「ゆうべ飲みすぎて寝坊しちまったけど、寝坊もするもんだね。アワビが掛かっていた」

船のモーター屋のナオキは、小遣い稼ぎに刺網《さしあみ》も掛けている。サザエやイセエビを狙って掛けるその網に、本来引っかかるはずがないアワビが掛かったというので、興奮して報告に来たのだ。

「そりゃ、すごい。今晩飲もうか」

「勘弁してくらっしゃい」

ナオキのバイクが去ったと思ったら、今度はマツバ（松葉＝屋号）が自転車で通りかかった。信用金庫に勤める、ぼくの5つほど年下の男。

「ゆんべ、×××の軽トラがドブに落ちてよう」

「酔っぱらってたんだっぺ」

「そりゃそうだけど、引っ張り上げるのに大変だったよ」

それだけ言うと、背中を風でふくらまして去って行った。

晴天だが、体が倒されそうなほど風が強い。それに、桜が咲くこの時期に吹く南風は、南なのにヤケに冷たいのだ。でも、四月中旬にもなって田を掘り返しているのは、うちとロバンジョしかいないので、黙々と土に鍬を打ち込むしかない。

夕陽がゼミドン（善エ門ドン＝屋号）の薮にかかる前に仕事をやめて、農業用水の水がうちの田に来るように溝の中のブロックを置き直していると、上の田をやっていたシゲさんが機械を押して帰ってくるところだった。

「終った？」

「クレ返しとシロかきと、両方やってたんで、目いっぱい働いたよ」

シゲさんは雑貨問屋に勤めている、一応はサラリーマンなので、土日しか百姓が出来ないのだ。

「そっちは？」

「やっと田植えできるまでになった」

＊

次の日、久しぶりに浜に出ていくと、カンべ丸のヒデさんや藤平丸のキミオさんなんかがモク取り（網にかかった海草を取り除く作業）をしていた。ゆうべは風が吹いたので、ナガモク、ホンダワラ、カジメからアオサまで、モクの量もハンパじゃない。ぼくもゴムの前掛けをつけて手伝った。

「田は終ったんかい」

「まだ田植えが残ってる。ほかは、あらかた終っちまってるけどね」

「毎年早くなっていくもんなあ。昔はグミや桑の実がなるころにやったのになあ」

「エビは掛かる？」

「ぼちぼちだな」

「サザエは」

「20キロか30キロ。今年はサザエは多いよ」

——てな具合で、田んぼに行っても浜に行っても、誰からも、

「新聞がインターネットで読めるようになったんだって？」

などという声は一つとしてかからないのだ。

まあ、それも仕方ないだろう。それが自然というものだろう。

富山県山田村が「一戸に一台パソコンを支給」と話題になったのは1995年のことだった。これは国土庁の情報モデル事業の一つとして企画され、国や県や村の金をつぎ込んで約500世帯にパソコン端末機を貸与したもので、いわば、お上の号令のもとに始められたインターネット化だったわけだが、にもかかわらず、「高齢者のみの世帯にはパソコンに対する抵抗感がある」と報告されている。

お上の号令でも「イヤだ」という老人が多いのだから、高齢者世帯ばっかりみたいなコウヤツで、自然発生的にインターネット理解者が出てくると思うほうが間違っているのだ。日々を素直

に生きていればインターネットなんかいらない。そういう発想に立てば、理解者がいなくて当然なのかもしれない。

＊

しかし、地元での反響は微弱だったものの、コウヤツの外からの反応は、新聞報道の影響もあってか、出足は良かった。２カ月でアクセス数約５００、投稿数20件というのは多いのか少ないのか判らないが、結構バラエティに富んでいたし、楽しいものだった。

〈小生も昨年からインターネットに加入しましたが、機を同じくして故郷で新聞がインターネット化されるとは、不思議なシンクロです。懐かしい人たちや場所の情報は、遠く神戸にいながらも故郷を身近に感じさせてくれます。（神戸市・40代男性）〉

〈ゴールデンウィークに実家に帰ったとき、香の青年団がＨＰを開設したと知り、インターネットに加入してすぐに探しました。「別荘の人々」にあった団ジーンさんの３人のお孫さんのことはよく覚えています。上の二人は同級生でした。（東京都・20代女性）〉

〈母がこうやつ出身です。会社でパソコンをいじっていたら、偶然このページを見つけて、とても嬉しかったので、メールを送ることにしました。私のおじいさんは×××です。これからも楽しい新聞を期待しています。頑張ってください。（千葉市・20代女性）〉

と、最初のうちはやはり、コウヤツ関係者や知り合いからのメールが主流だった。つまり、コウヤツで家を守っている老人世代はインターネットとは無縁でも、都会に出ていった子供の世代のあいだには、そろそろインターネットが普通の道具として普及しつつあったのだ。だから、こんなこともあった。

〈ワイフが香出身（△△△）です。田舎のない自分にとって香はふるさとでもあり、年に3～4回帰省する事を楽しみにしております。特に夏のシーズンには子供を連れて楽しんでいます。今年は浜でバーベキューでもしようと楽しみにしております。おじいちゃん、おばあちゃん、お兄さん、おねえさん、今年も行きますのでヨロシク！（神奈川県・40代男性）〉

嬉しい便りではないか。で、さっそくプリントアウトして△△△のおじいちゃんのところに持っていくと、

「手紙？　うちの婿《むこ》からの手紙が、なんであんたの所に届くのかね」

と心底から不思議な顔をするのだ。

「いやあ……インターネットだと、手紙の窓口もあるんでねえ……」

「ふーん。そういうもんなのかい」

ぼくの漁師の師匠であるカンベ丸のヒデさんの家でも、東京に出て結婚した次女がメールをくれた。その次女には子供が、つまりヒデさんにとっては初孫が生まれたので、ヒデさんは嬉しくってしょうがない。連休のたびに里帰りしてくるので、漁に関しては大権威者のヒデさんが、孫の話になると顔をくしゃくしゃくしゃにして好々爺《こうこうや》になってしまうのだ。それで、浜でお喋《しゃべ》りしていたときに、ぼくが言った。

「ヒデさんも、インターネットをやったら。孫の写真も見れるよ」

船に座り込んで網を繕っていたヒデさんはニヤッと笑った。

「おめえ、オレがそんなこと始めたら、気が狂ったと言われるっぺよ」

地元関係者からのメールが一段落すると、その後は、だんだんインターネットらしい広がりを見せていった。

〈館山の賃貸情報を知りたくて、ホームページを探しているうちに、このページを見つけました。なんか、アットホームでとっても面白い！　特に住民の紹介・消息のページがとっても楽しかったです。きっと、香地区はコミュニケーションのある触れ合い地区なんだろうな……と思いました。(東京都・30代女性)〉

〈私は丸山町の出身です〉

丸山町は館山市の北東に隣接する農村で、日本の酪農の発祥の地といわれる嶺岡牧場を擁していることで知られているが、

〈丸山町の海に近い地区で育ちましたので、こちらのページから聞こえてくる波の音を聞いて、故郷を懐かしく思いました。東京にきて、もうずいぶんと年月が経ち、帰省するのは年に2回(お盆、お正月)くらいです。丸山にいたころはなんとも思わなかった波の音が、海辺の生活から離れて、波の音の心地よさに気づきました。今では帰省したとき、波の音を聞きながら夜眠りにつくのが楽しみでなりません。(東京都・20代女性)〉

〈地元の情報をよくぞここまでと感心しました。館山出身の知人に紹介されて、そちらに転居を考えています。そちらは住みよいところだそうですね！　なにぶん地理にも疎いのですが、冬には富士山も見えるそうですね？　ピンキリでしょうが、土地代はどれくらいなのでしょうか？

（宮城県・30代男性）〉

ふーむ、こういう投稿があるから、ネットで商売しようというヤカラが出てくるんだな。ぼくだって、「転居を考えている」というこの文面を見たとき、「大工のイサオを紹介しよう！」なんて、すぐに身を乗り出してしまったから。

〈館山が大好きで、10年前にとうとう神余《かなまる》に別荘を建ててしまいました。都会生活では味わえない、庭付き一戸建てで、小さいながらとても満足しています。しかし、最近年のせいか、庭の雑草を取っている時に腰を傷めてしまいました。この近くで庭の手入れを定期的にしていただける方を探しています。是非教えてください。（東京都・60代女性）〉

これだって、「猫の手サービス」のノリにピッタリではないか。休業中だって構やしない、神余なら軽トラで30分だし、1日1万にはなるだろう……なんて、つい商売っ気が出てしまうのだ。

ま、それはともかく、このインターネット新聞は現在も続けていて、その後も、読んで励みになったり、そんなことに関心があるのかと感心したくなるようなメールが結構届いている。

〈祭礼特集はとても新鮮で、香部落の人々の温かさを感じました。子供たちの姿がとても楽しそうで、伝統を大切にしていることが肌身で感じられます。（40代男性）〉

〈東京に住んでますが、平砂浦《へいさうら》にセカンドハウスを建てたので時々館山に行きます。そんな時に新鮮な魚を手に入れたいので、もし可能でしたら漁師さんをご紹介ください。（東京都・50代男性）〉

〈3月18日（土）19日（日）に館山で草野球の合宿を行うのですが、19日の練習試合の対戦相手

を探しています。出来れば、球場の手配が出来る方、お申込み待っております。(茨城県・20代男性)〉

〈私は建築をやっているものです。香の町並みを写真などで掲載してほしいです。漁村ならではの町の良さがネットで見れたら嬉しいです。(千葉県・20代男性)〉

〈バックナンバーの閲覧はできないのですか？　ちょっと見てみたいような気がするのですが。(50代男性)〉

〈出来れば当ホームページも英語化されたら宜しいかと。(兵庫県・40代男性)〉

〈ダルマイカのポンポン焼き。うーん、おいしそうですね。水で洗わずに海水で味付けですか。味の見当はつくのですが、野趣豊かでうまそうだな。ダルマイカはよく買って食べますし、足も柔らかなので、よく焼いて食べますが、今度、ポンポン焼きに挑戦します。(東京・50代男性)〉

「こうやつ新聞」のホームページには、「香の食材と料理」という、ホームページ版だけの記事も載せている。

・サザエのウニ和《あ》え
・ゴンズイ汁
・茹《ゆ》で落花生
・ウツボの干物
・タカベの酢味噌和え
・ムール貝の酒蒸

香の漁法①――ゴンズイ漁

エサ（オキアミ）
を仕掛ける。

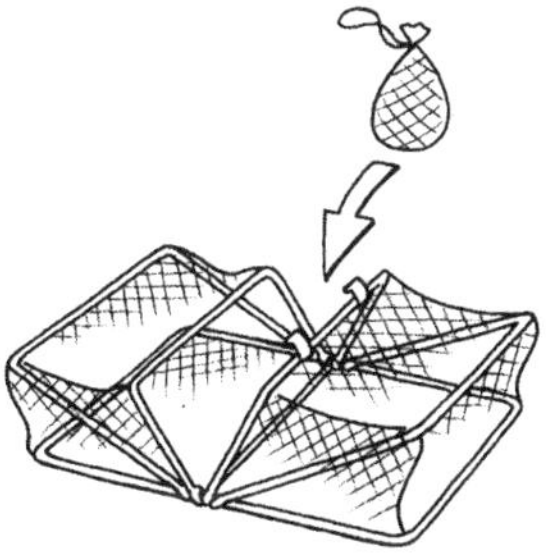

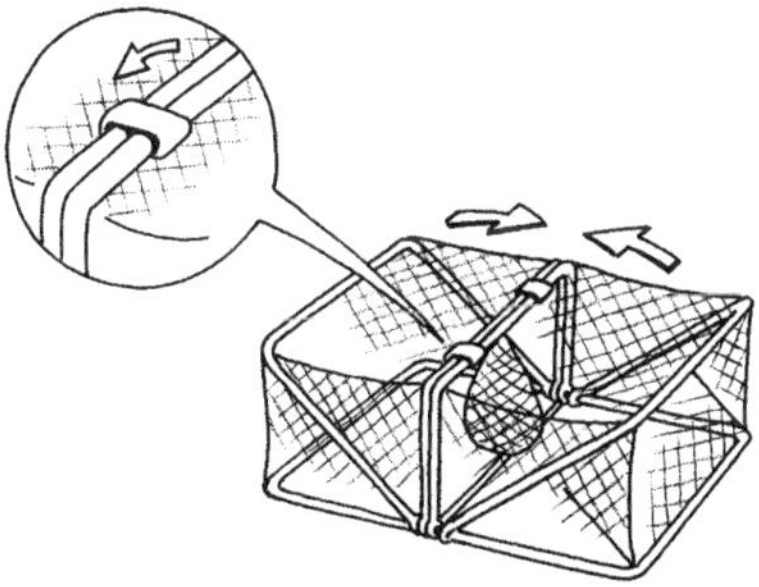

タコ籠を閉じて、真ん中をとめる。

堤防からタコ籠をそっと海底に落とす。

中に入った魚は出られない。

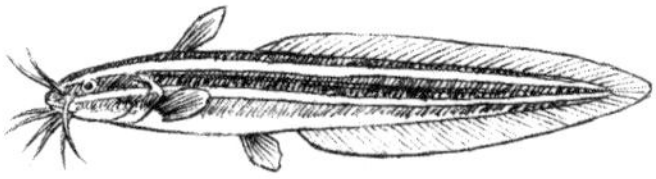

ゴンズイ（両胸ビレと背ビレに毒の
あるトゲをもつ。体長約 25 cm）

秋の初め頃、日が落ちてから防波堤などで行う漁。タコ籠とよばれる仕掛け籠にエサを入れ、海底に下ろす。２時間くらいして籠を引き上げると、ゴンズイが、多いときには数十匹入っている。

ゴンズイ汁（カボチャと一緒の味噌汁）にして食べると美味。

・ラッキョウ
・ククとフキノトウ
・トコロテン
・ギラのつみれ

などと、地元に伝わる料理を伝えており、右はその記事に対する感想である。

〈あなた方自然の中で生活されている状況が私にはとても羨ましい。何を甘ったるい事を抜かすか。厳しい自然環境の中で生命を賭け日夜奮闘しているのだとあなた方の叱声が聞こえて来る様にも思いますが、私の様に年を取りますと喧騒な都会、空気も悪く日夜車の騒音に晒されていると……あなた方の環境が誠に天国のように見えます。大阪に近い所で疑似漁師に近い生活が見当たらず……ここにコンタクトした次第です。良い情報がありましたら教えて下さい。（大阪・60代男性）〉

〈沖の方にやたら明るい☆が光っているのが見えると、海が荒れるので危険！　なんて話を聞いたことがありませんか？　布良《めら》星という☆なんですが。全天で2番目に明るいカノープスの別名です。布良で見えるなら、西岬《にしざき》でも……と思うのですが、カノープスの見えるポイント知ってたら教えて下さい！　または、地域の☆の好きな方でも良いです。（鴨川出身・10代女性）〉

布良は西岬地区のすぐ隣だけど、布良でしか見えないから布良星というのじゃないかな……なんて思いながら、この子には、安房高校の天文部を紹介してやった。

⑦——女房の秘かな充電

かくして、インターネット敬遠者のぼくも、「こうやつ新聞」のホームページ化で期せずしてインターネットに引きずり込まれたわけだが、実際は何もしなかったといっていい。紙の新聞をワープロで作ると、そのフロッピーと写真をチカシに渡すだけでいいのだから。

ただ、写真は、たとえば田植えや運動会の写真など、写真屋で焼いてもらったプリントをそのまま渡せば、チカシがスキャナーで取り込んでくれるので造作ないのだが、問題はワープロで打った文章のほうで、これにはいろいろ悩まされた。

最初は、OASYSのワープロに「文書メモリ（MS－DOSフロッピー）書込」というツールがあるのを発見して、勇んで試みてみたのだが、これが万能ではなかったのだ。ただの文章ならそのまま再生してくれるのだが、新聞紙面のように罫線で複雑に区切られた文章だと混乱してしまうらしい。「こうやつ新聞」は11字詰4段の横組みで作っていたが、MS－DOS文書にすると、2段まては再生できても、4段になると文章が入り混じってしまうのだ。仕方ないから、記号や飾り罫を削除した上で、2段ずつの文章に並べ変えることでクリアしたが、ぼくにとっては、まあ、余計な手間である。しかも、フロッピーが2DDしか使えないのも不便だった。

そのうちに、チカシが自分のパソコンにOASYSのソフトを入れたらしく、

「ワープロのフロッピーをそのまま渡してくれればいいよ」

と言ってきてくれたので助かったが、

「文章がなあ、大変なんだよ」

と、しょっちゅうコボすようになったから、今度はチカシが苦労を背負いこんだ恰好になったわけだ。かたじけない。

とにかく、新聞のホームページでインターネットと関わるようになったといっても、ぼくが悪戦苦闘していたのは文書変換の問題だけで、実際にワールド・ワイド・ウェブ（W・W・W）に跳躍したわけではなかった。

で、その間、わが家のパソコン2号機、FMV5100D5で秘かに、着々と実力を養成していたのが、女房のヨーコだったのだ。

この2号機も、かなりクセのある機械だった。モデムを内蔵していたので、前世代の遺物の1号機のように苦労しなくても外の世界とつながったが、それでも、なかなか一筋縄ではいかないのだ。昨日つながって「PLAYBOY」を覗いたと思ったら、今日は駄目。復帰したので「お気に入りのページ」に全国紙を入れて、次の日、見ようとするとまた駄目。そういうことの繰り返しで、

〈サーバーに接続出来ません〉

〈プロトコルが違います〉
〈通信ポートにｃｏｎｆｌｉｃｔｓ〉
なんていう表示を何度読まされたことか。そのたびにチカシや第一家電の店員に相談するのだが、ちっとも改善されない。テレビで、同じ敷地内にあるのに或る場所のパソコンだけがダウンするという番組を見て、うちもそれなんじゃないか、と思ったほどだ。此花咲也姫《このはなさくやひめ》が鎮座する浅間山の斜面に建てた我が家には、何か呪いがかかっているのではないか。ぼくがインターネットと疎遠になったのも、ひとつには、この歯痒《はがゆ》い思いが原因だったともいえる。

ところが、こんなジャジャ馬機械を騙《だま》し騙しうまく乗りこなしたのが、ヨーコだった。此花咲也姫は焼き餅焼きの女神だといわれているのに、女のヨーコの言うことを聞くなんて解せない話だが、とにかく、うまく調教したのである。

そのことは、「こうやつ新聞」をホームページにしたときに判った。最初にアップしたのはノリのパソコンからだったが、本当にほかの場所でも読めるのか確かめたくなるのが初心者というもの。で、うちにいるヨーコに試しに電話すると、

「きれいに出ていたわよ」

とプリントしたものを届けてきたのだ。家計簿や蔵書リストをチマチマ作っているだけだと思っていたら、いつの間にか、よそのサイトを覗いて、それを印刷するぐらいまでは出来るようになっていたわけである。その後、伝言板や掲示板に来たメールをプリントアウトしたのも、全部ヨーコだった。

やがて、パソコンを持っている知り合いとメール交換もするようになり、そうこうしているうちに、自分のホームページ作りに挑戦し始めた。

ぼくが相変らず海や田んぼにかまけ、仕事に行けば、

〈たけし映画『HANA－BI』グランプリを獲得〉

〈安室奈美恵の結婚〉

〈サッカー日本代表W杯進出を決める〉

〈また中学生の凶悪犯罪〉

〈バイアグラで死者が〉

……などと世の中の話題を追っかけているあいだに、妻は深く静かに潜行していたのである。

夜中に、

「何よ、これ。どうなってんのよ」

なんていう独り言が六畳間から漏れてくるようになったのは、この頃からだ。本来は来客の泊り部屋だったこの部屋を「パソコン部屋」と呼ぶようになったのも、この頃からだったと思う。窓際の2つの机の上にFMVとPCが2台並んで、周りにプリンターやソフトの箱やフロッピーやマニュアル本、雑誌類が山積みされて、それがどんどん増殖していくのだから、そうとしか呼びようがなくなったのだ。

ホームページを作る気になったのは、娘のナツミのためだったと本人はいうが、それは口実だろう。人様のサイトを毎日覗いていれば、自分もステップアップして作ってみたくなる。しかし、

本人には発信したい情報なんて無い。そこで目を付けたのがナツミの絵だったのだ。

中学生になって〝お絵描き〟に熱中するようになったナツミは、最初のうちは、目ばかりがヤケに大きい女の子なんかを描きまくっていたが、そのうち、題材をテレビゲーム「ファイナル・ファンタジー」の登場人物に求めて、のっぺりと陰影のない、それこそ画面に出てくるそのままの顔を再生産することに没頭するようになった。

もうすぐ中学3年生、受験の年だというのに、新宿や池袋の画材屋に出かけていってはペンや筆、モデルの木人形、コピックとかいう特殊なサインペンなんかを買い込んできて、もうとどまるところを知らない勢いなのである。で、普通なら、

「いいかげんで勉強に集中しなさい」

と言うのが受験生の母親だと思うのだが、うちの母親は娘の趣味に乗ることのほうを選んだのだ。

「電脳の技は私が提供するから、コンテンツはあなたが提供してね」

てな発想だろう。で、この共同作業を実現するために、技術不足の母親は苦戦を強いられることになった。ソフトをダウンロードしたり、『ワンタッチ　ホームページができる』というマニュアル本の付録CDを使ったりして四苦八苦しているので、見かねたぼくが、東京に出た折に、1万円以上もする「IBMホームページ・ビルダー」のソフトを買ってきてやったぐらいだ。そういう意味では、ぼくも共犯者ではある。ナツミの〝お絵描き〟のためにも、高田馬場の画材屋からトレーサーやカラーインクを買ってきてやったりしたから、これも親バカの共犯者。文句を

言えた義理ではないわけだが、まさか病がここまで進行するとは予想してなかったのだ。

で、ホームページの形が出来ると、絵を取り込むために、どう話をつけたのか、スキャナーの付いたノリのプリンターとうちのやつとを交換し、その晩から二人で部屋にこもって、ワハハハ笑いながら共同作業に没頭するようになった。パソコンによって結ばれた母娘共同戦線がここに結成されたわけである。

＊

ホームページを公開すると、効果は絶大だった。それまでは、同級生の中のわずかな同好の子と話を交わす程度だったのに、仲間が一気に広がった。それも、大方が大学生や社会人の年上なのだ。

「ネ、ネ、×××さんがエアリスの絵を送ってくれた」

「あの東大の2年の子？」

「それが、すごーい上手なんだよ」

「どれどれ、見せて。……ほんと、すごーい！」

「進級の試験があるので、しばらく絵が描けないんだって」

こんな母娘の会話を毎日のように聞かされ、送られてきた絵を見せられると、ゲームの登場人物の絵を描くことだけに熱中している人間が世の中にゴマンといるのだということを知って、ぼくは愕然とした。ぼくから言わせれば、そんなの、ぬり絵の変形じゃないか。どうせ描くなら、どうして自分の線と自分のタッチで自分の作品を描かないのか。

だが、そんな発想を持つことが、そもそも古いらしい。みんながみんなオリジナルだったら、仲間として寄り集まるヨスガが無いじゃないか。共通の土台があるからこそ、サイバー空間に仲間の輪が出来るのだよ、という声が聞えてくる。それがインターネットなんだよ。

ホームページ開設は、ナツミに、さらにもう一つの世界を開かせた。コミックマーケット、通称コミケである。

〝お絵描き〟仲間が自分の作品を持ち寄って売るアングラマーケット、と言って言い過ぎなら、〝サブカルチャー〟と同じ意味での〝サブ・マーケット〟である。そういうのが、全国津々浦々《つつうらうら》、いたるところで開催されているらしいのだ。

南房州の小さな町でも、公民館や商工会議所を会場にして、あちこちで開かれていることを知ったナツミは、明け方までウンウン言って作品を描いては、セブンイレブンでコピーして、10ミリのホッチキスで綴《と》じて、ほかにハガキやカードなどの小物も作って、いそいそと出品するようになった。2、3点でも売れれば、

「チョー嬉しい！」

といった程度の商売だが、本人とすれば、インターネット上でしか知らなかった相手と直接話したり、年齢の違う新しい仲間と知り合ったりすることが、退屈な学校生活よりもはるかに刺激的で楽しい経験であろうことは、親のぼくでも理解できた。

その間にも、インターネットでの情報はどんどん蓄積していく。コミケに出すなら、小さな田舎町では駄目だ。全国区でなければ。で、ついに、

「有明《ありあけ》に行きたい」

と言い出すにいたった。

昔は「お台場」と呼ばれていた東京湾の埋立地。ぼくなんかは小学校の遠足で行ったぐらいの歴史の遺物だったが、それが拡張され、都市機能を持つようになったのは、鈴木都政末期の臨海副都心計画だったと記憶している。市街地化したお台場にはぼくも一度だけ、有明名物になっていたディスコの取材に行ったことがあるが、そのときはまだ造成中という雰囲気が漂っている土地だった。ところがその後、新橋から鉄道「ゆりかもめ」が開通し、ホテルが進出し、フジテレビも移ってきて、活気のある市街地に変貌したらしい。その真ん中にある国際展示場というイベント会場で、年に一回だか二回だか、全国規模のコミックマーケットが開かれるというのである。

ここへナツミが初めて行ったのは、こともあろうに中学3年の年末だった。行く、といっても電車の乗り継ぎもわからない田舎娘である。母親の同伴付きだ。東京駅までだって特急で2時間かかる僻地からの出張、朝暗いうちに出て夜暗くなってから帰ってきた。

「あのコスプレの2人、何よ！」

「ダサイったらなかったね」

「×区画で店を出していた人が、ネットで知っていた人？」

「うん、名古屋の××さん」

「大勢来ていたのかい」

「ゆりかもめに乗るんだって行列だし、会場の入口にたどりつくまでに1時間もかかるんだから」

コミックの個人誌や同人誌を売る店が何千軒と出て、何万人も集まる、一種のお祭りのような大イベントらしい。

その間、妻子を送りだした夫は、犬5匹の散歩をし、正月に備えて道の草刈りをし、洗い物をし、戸締りをして家を守っていたのである。

このコミケ通いは、高校生になるとますますエスカレートした。部活で入った演劇部の仲間がほとんど〝お絵描き〟系だったものだから、なにかというとお互いの家に泊り込んではせっせと小冊子を作って、あちこちに出品するようになったのだ。有明でも、最初は買うだけの見学者だったが、抽選で出店用のコーナーが当ると自分の作品も売るようになり、仲間2、3人と連れ立っては出かけて行くようになった。大学受験が迫ってきても悠揚たるものである。

ホームページを持つことによって、絵の描き方も変ってきた。ノリと交換したプリンター付属のスキャナーでは飽きたらなくなると、平べったい専用のスキャナーを、多分ヨーコに買ってもらって、備えたが、そのうち紙に描くことよりも、パソコン上で描くことに興味が移っていったみたいだ。

最初はwindowsのアクセサリーの中にある「ペイント」で遊び半分に描いていたのが、付属の「イメージ・フォリオ」を使うようになり、その後は、いろいろな画像処理ソフトを手に入れてきて試していたみたいだ。コンピューター・グラフィックスというわけだ。

その間、ホームページ共同制作者の相棒、母親のヨーコは何をしていたのかというと、細かい技を磨いていたらしい。たとえばホームページの表紙に洒落た飾り罫を引いたり、背景を変えたり、画面に影をつけたりするだけでも、相当に面倒な手続きが要るらしいのだ。さらに電光掲示板のように文字を流したり、イラストを動かしたりするには、また別な技が必要になってくる。課題はいくつでもあって、飽きることがないのだ。

⑧——漁業権を下さい！

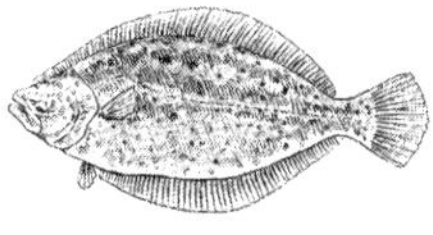
ヒラメ

妻子が密室での秘かな楽しみを覚えて〝引きこもり〟族に陥っていくのに反し、ますますアウトドア化して田んぼや浜を跳梁《ちょうりょう》するようになっていったのが、肉体派の夫、つまりぼくだった。なんていうとバカみたいだけど、まあ、バカみたいに元気だったことは間違いない。

「潜り、行かねえのかよぉ」

「ゆんべ飲みすぎたんで、今日はパス」

「二日酔なんて、潜ってりゃあ治っちまうよ」

「行っても、あーんも取れねえもん」

「あに言ってるだよ。昨日はサザエがタマリいっぱいだったぜ。アワビも、5、600のを3枚剝《は》いだぞ」

「元気でいいなあ」

それには理由があった。

長年の念願だった漁業権が取れそうな雰囲気になってきたからだ。

ぼくが初めて香の海に観光客として来たのが昭和40年。山海丸の夏季漁師を始めたのが47年。香に家を建てて住み着いたのが57年、１９８２年だった。

漁業が好きで住み着いた香である。住民になった当初から、

「漁業権が欲しいのですが」

と打診したのは言うまでもない。だが、そのたびに、

「もう権利者は増やさない」

とか、

「お前にやるなら、除名者を復帰させる方が先だ」

とか何とか、訳の判らない理由をつけて全く相手にされなかった。

この房州西岬《にしざき》地区では、西岬漁業協同組合という連合組織があることはあるが、漁業権の与奪などは各部落の漁民組合の権限内の事項である。歴史を見ても、漁業の利権は元禄時代から各浦ごとで争ったり妥協したりしてきたことが綴られている。だから昭和の末期になっても、漁業権取得希望者にたいする扱いは、部落ごとに違っていた。

「××では×年住んで×万円払えば漁業権をくれるってよ」

「△△では、△△円で、ひと夏潜ってもいいんだって」

などという噂をしばしば耳にして、羨ましく思ったものだ。それに比べると、香漁民組合は格別に規制が厳しいところで、夏の潜り漁の解禁期間だって、本当を言えば、ぼくは潜ってはいけない人間だったのだ。だけど、とにかく家族３人で住み着いているのだし、そもそもの出発が山

海丸の従業員だったのだから（昭和40年代の当時、ウェットスーツを着て潜り漁をするのは、ぼく一人しかいなかった）と、何となく黙認されていたに過ぎない。それでも、ときどき、

「漁業権の無いお前が、何で潜るんだ」

と、どやしつけられることもあって、はなはだ不安定な境遇だったのである。

だから、なんとしてでも、漁業権が欲しかった。何十万払ってもいいから、誰からも非難されずに漁業に専念できる境遇になりたかった。それは生活の問題ではなく、ぼくの生き方にかかわる問題だった。漁業が好きで、この浜が好きで、それでここに来たのに、駄目だと言われて今さら本のページをめくるみたいに生き方を変えるわけにはいかない。

そうでしょ。もう50代も半ばを過ぎて、サラリーマンならそろそろ定年後を考えるときに、生涯の生き甲斐と思い定めたものがついえたとしたら、立つ瀬がないでしょ。

それで、香に居を構えて十何年目かに、改めて書面でお願いしたこともあった。

香漁民組合殿

申請書

私、館山市香××に在住の岩本隼は、貴組合の漁業権を取得し、貴組合に加盟いたしたく、ここに申請いたします。

私は昭和40年に観光客として来香して以来、毎年欠かさず香を訪れ、昭和47年からは山海の夏期従業員として山海丸さんのもとで、毎年約2カ月間、定置網・刺網・タコ漁・潜り漁などに従事し、山海丸さんが漁師をやめるまでの十余年間、それを続けておりました。

その間、昭和57年に現在地に自宅を建てて移り住み、香の住人として地域の方々とともに暮らしてきました。また、山海丸さんが漁師をやめた後も、菊地丸さんやカンベ丸さんの漁をときどき手伝うなどして、漁業への関わりは持ち続けてきました。

満州生れで東京住まいの長かった私は、この香こそ終《つい》の住処《すみか》と考え、この地に骨を埋めるつもりですでに墓の土地も下の堂に購入してあります。妻も娘も、香の地をかけがえのない故郷として、ここに強い愛着を感じて暮らしております。

以上のような事情を斟酌《しんしゃく》の上、何とぞ希望をかなえていただけますよう、切にお願い申し上げます。

結果は、ナシノツブテ。

「イワモトから入会申請があったけど、定数がいっぱいなので却下した」

と、漁民総会で一言触れられただけだったと、総会に参加した者が教えてくれた。

いやはや。そもそも、「定数」とは何なのか。コウヤツの約100戸のうちの60軒ぐらいが漁業権を持っているが、そのうち船を持っているのは10人余、実際に漁業に従事しているのは7、8人にすぎないのだ。ほとんどの権利は行使されないまま眠っていて、漁業補償金が出るようなときにだけ目覚める非生産的なペーパー漁業権じゃないか。だいたい、こんな大事な案件を役員だけで握りつぶして総会にもかけないなんて、江戸時代の寄合いそのままじゃないか。

と、当座はイキリ立って、

「裁判に訴えるしかないな」

などとヤケ酒をあおってゴロまいたものだが、それもほんの数日だった。この地に暮していて、不合理なことがあるからといっていちいち腹を立てていたのでは、ヤケ酒ばっかりが増えて財布が保《も》たないし、それに、ぼくには変に楽観的なところがあって、

「そのうち、何とかなるだろう」

と、すぐに、いい方にスイッチを切り換えて、ノホホンとしてしまう癖があるので、

「ま、いいか」

と、何事もなかったかのように楽しい酒を酌み交わしていた。

そしたら、本当に何とかなりそうになってきたのだ。20年居すわっていたという守旧派の組合長から新しい組合長に代ったとたん、順風が吹いてきた。

「今度、誰と誰が組合員になるらしい」

という話があちこちで囁《ささや》かれ始めたではないか。実は、漁業権を欲しがっているのは、ぼく一

人ではなかった。香の漁業権は一戸の戸主だけに与えられるという決まりが、おそらく江戸時代以来そのまま維持されてきていたから、戸主の弟が分家して一戸を構えても、そこには漁業をやる権利は付与されない。権利が付与されていなければ、本格的な漁業はもちろんのこと、浜の口開け（漁の解禁日）のときにサザエ、ウニ、トコブシを採ることも駄目、冬の磯っ端でちょいとハバノリを摘むことも、春先にヒジキを一束持って帰ることだって、原則としては出来ない。そういう人が何人かいたから、彼らも「組合に入れてくれ」と希望を出していたのだ。ま、もっともな要求だろう。だが、

「誰と誰が組合員になるらしい」

その〝誰と誰〟の中にイワモトの名前が入っていることは一度として無かった。地元で生れ育った分家の住民とは違って、たかが十数年の新参者だ。しかも、

「ほかに仕事を持っているヤツは駄目だ」

と強硬に言い張る理事がいる、という話も伝わってきた。定年退職者や地元で就業している人間はいいが、東京で稼いでいるヤツは駄目だという理屈らしい。役員会も紛糾しているらしく、情勢はきわめて不利らしかった。が、ぼくは敢えて、

「オレはどうなっている？」

とは聞かなかった。そのたびに一喜一憂してもしょうがない、開けてみてのお楽しみ、という心境だった。それに、組合長が代ってからは、サザエを獲りに潜っても文句を言われなくなったので、いくらか希望の灯もなくはなかった。

新しい組合長になってから、香の浜の様子も変わり始めた。長年見慣れてきた大きな物置小屋を取り壊したりして、いわば〝もはや戦後ではない〟の近代化に着手したのだ。

＊

香の漁業は、香漁港を母港とする沖合の大規模定置網の船団（大謀《だいぼう》）と、浜に小さな船を曳《ひ》いて刺網やチョコ網（小規模定置網）をやる小漁師とで構成されている。香に定置網を持ち込んだのは、丸高《まるたか》という漁業会社で、昭和13年だったとモノの本には書いてある。岩手県の三陸海岸で成功した丸高が、その勢いをかって好漁場のある房州にも進出してきたのだそうで、ノウハウも人材も全部まとめて岩手から持ってきたから、だから今でも、香の大謀人（乗組員）は南部《なんぶ》（岩手県盛岡地方）から来ているのが多い。昭和13年以来の姉妹都市のような関係なのだ。

丸高の契約は昭和27年に切れ、そのあとを継いだのが地元西岬の喜久丸《きくまる》漁業で、ぼくがずっと見てきたのもこの船団だが、施設は、港の氷小屋も大謀人が寝泊りする番屋も事務所も物置も、丸高のものをそのまま引き継いだらしい。

その中で一番大きな建物が、海岸べりに立っている物置だった。普通の住宅の二階ぐらいの高さの黒塗りのトタン小屋である。ただの黒い箱だから、つらつら眺めても何の有難味も感じないが、小漁師たちにとってはこれは欠かせない施設だった。

物置として重宝していたからではない。

実は、前の浜に曳いてある十艘ほどの漁船のウインチ小屋は、みんなこの黒い小屋に寄りかかって立っていたからだ。軽油エンジンの捲上機《まきあげ》を納めておく小屋である。ついでに、網やロープや錨《いかり》をいれる物置も寄っかかって建てられていた。寄っかかる相手がトタン小屋なのだから、こちらも戸板やトタンのつぎはぎ細工で、まさに焼跡の掘建小屋である。口の悪いノリなんか、

「まったく東南アジアのスラムじゃねえか」

と、しょっちゅう悪態をついていた。ぼくなんかは、古い物が好きだし、スラムも嫌いじゃないので別に気にならなかったけど、新しい組合長はこの喜久丸の物置をエイヤッとばかりに取り壊してしまったのである。必然的に、拠り所を失ったウインチ小屋も無くなって、ウインチは裸で仕事をすることになった。90年代の末に喜久丸は経営不振から撤退してしまって施設は遊休状態になっていたので、この際、無用の長物の物置を取り壊し、いずれ共用の電動ウインチを据えるというのが新組合長の構想らしかった。

物置を取り払ってビックリしたのは、銭湯の湯船ほどの大きな水槽《すいそう》があったことだ。しかも、中にたたえられているのは水ではなく、ドロドロのコールタールじゃないか。

「何、これ」

「大謀のワイヤを浸けておくんだよ」

シャベルカーの砂塵《さじん》を浴びながらヒデさんが教えてくれた。

「10月に網を揚げてから来年3月に網を入れるまで、カケダシ（定置網で、魚を誘導するカーテン状の長い網）のワイヤが錆びないようにタールに浸けておくんだよ」

サラ地にするには、ワイヤが浸ったままのこのタール槽を苦労して埋めてから、コンクリートを打った。一個の歴史、昭和の漁民の知恵が埋葬されたわけである。

ま、コトの善し悪しは別にして、とにかく香の浜にも変革の風が吹き始めた気配である。で、変革の波はついに、目出たく、わが身にも及んだ。

1999年の3月。

「漁民組合に全員が入ったよ」

と電話してきてくれたのはヨシカズさんだった。ぼくが奉公した山海丸の巳之助さんの弟。まさに分家の人である。この日に開かれた漁民組合総会で承認されたというのだ。

「8人だか10人だか、みんな入ったって。株が14万円、施行費が6000円、加入金はこれから決めるってさ。どうぞ網を掛けてください」

もちろん、その晩は祝い酒である。山海丸の跡取りのヤスヒロをはじめ、ナオキやヤマちゃんらをうちに招いて、

「よーし、網をやるぞ。潜って獲りまくるぞ。タタキもガマグチもやるぞ」

と一人気勢を上げたのだった。

そのすぐ後の統一地方選で石原慎太郎が都知事に当選したから、ぼくの漁民としての年期は、慎太郎の知事の年期と同じなわけである。慎太郎、長持ちしてくれよ。

身分が正式に決まるまでには、まだ1カ月ほどかかった。

「正組合員にはなれないらしい」

という話が伝わってきたのだ。浜田にある西岬漁業組合に行くと、参事という事務方の親方らしい男が、

「イワモトさんたちの場合は、正組合員ではなく、准組合員なんですよ」

と言う。

「新規の場合は、漁業組合法によって……」

と、ゴチャゴチャ法律だか条例だかの話を始めるので、

「正と准と、どう違うの？」

と単刀直入に聞いた。

「准だと、発言権はあるけど、採決権がないんです」

「漁は普通にやっていいいんだっぺ？」

「それは同じです」

「なら、正だろうが准だろうが構わねえや」

結局、西岬漁協の株の代金が14万円、香漁民組合への加入金が10万円ということになった。

東京で、

〈母親を殺された安室奈美恵のその後〉

という記事を書いて帰ってきた4月の下旬、西岬漁協で株券を受け取った。Ａ４くらいの飾り縁のある紙に、
出資証券
金１４０、０００円
と書いてある。証券なんていうのを手にしたのは初めてだし、この1枚を手に入れるのに十何年

もかかったのだから、ためつすがめつしてから木の箱に納めて、しまった。

⑨――本・コミック・映画・ダイビング

もしも、ぼくが死んでから自分の年譜を作る機会があったとしたなら、58歳にしての「漁業権取得」はわが人生のエポックメーキングな事件としてゴチック体で表記すること間違いないと思うのだが、皮肉なことに、わが家の鬼子のような存在であるインターネットにとっても、この時期は記念すべきエポックとなった。

ついこの間まで、

「ファイルとフォルダの違いがやっと判った」

「圧縮・解凍が出来るようになった」

などと初歩的な発言をしていた女房が、娘のホームページを作ってやったと思ったら、今度はいよいよ自分のページの制作に没頭し始めたのだ。

ネットサーフィンという軽やかな言葉に煽《あお》られてあちこちのサイトを飛び回り、他人の個人ページも覗いているうちに、それなら自分も作ってみようという気になるのが、この世界の麻薬的吸引力らしい。

「これぐらい、私にだって出来る」

ましてやヨーコは、ナツミのページを改良しながら技を磨いていたから、自信を深めたようだ。

「チャチいホームページ！」

なんて台詞《せりふ》を吐くのをしばしば耳にするようになっていたのだ。えてして、インターネットの使い手というのは、知らない人間や初心者をバカにする風潮がある。カタコトの英語しか喋れない同級生を侮蔑のマナコで見る帰国子女のようなところがあって、ぼくも、ヤな思いをずいぶんさせられたものだが、ヨーコもこの病気に感染し始めていたきらいがあった。

では、それだけ自信のある技をもって、一体何を発信すればいいのか。肝心なのは、そこなんだよナ。この世界の言葉でいえば、コンテンツの問題だ。

で、ヨーコが選んだのは、何てことない、誰もがたどる道、自分の趣味を開陳することだった。
・本
・コミック
・映画
・ダイビング
いやはや……、志が低いというか、草野球というか。間口は広いけど、とことんアリキタリですねえー。

この中でチットは人様と差別化できそうなものといえば、「ダイビング」ぐらいだろうか。

潜りに関しては、いささか自負があったのだ。このコウヤツの海で素潜りを覚え、地元の潜りのヤローどもと一緒に、潮流や水深や透明度など、いろんな条件下でサザエやアワビを獲る術を身につけた彼女は、それが昂《こう》じてスキューバダイビングのライセンスを取り、しまいには潜水士の免許まで取得してしまったのだ。入れ込むタイプで、ひところはダイビング雑誌を何種類か定期購読し、アルキメデスの原理を暗記したり、タンクだレギュレーターだコンパスだと道具を揃えるためにあちこちの店を物色したり、娘の魚介類の図鑑をニワカ勉強したりして、しまいにはニコノスを使って水中撮影もするようになった。その結果、漁民組合に頼まれてコウヤツの沖合に入れた人工漁礁の様子を撮影したり、菊地丸の定置網の海中作業を手伝うようにもなった。だから、

〈泳げなくてもダイビングができます〉

というスローガンのもと、商業ベースで量産されたオロカなスキューバ女どもを鼻白ますためにも、一言発しておきたかったわけで、その気持はぼくにもよく理解できた。

それで、このホームページでは、素潜り・スキューバ・潜水士の異同を説明したり、海底で撮ったチョウチョウウオやソフトコーラルの写真なんかを載せてアピールしていたのだが、反応はイマイチだったらしい。

「潜水士の資格の取り方を聞いてきた人が1人いたくらいで……」

まあ、オロカなスキューバ女にしたら、10メートルの素潜りが出来て潜水士の免許も取ったオバサンの話なんか聞きたくないのは当然だろうから、結局、ここに設けた掲示板は、素潜りで魚を突く連中の溜り場になって、勝手にお喋りをしているのだという。

「本」についての情報交換は、これはあまりにもポピュラーで裾野が広い世界なので、特化は至難の業。河野多恵子やアゴタ・クリストフなんかの渋いところで勝負しようとしたが、結局は撤退したらしい。

しかし、同じ本でも、「コミック」については、同好の士はゴマンといても、ワンポイントの中継ぎ投手ぐらいの存在感は示せるという自信はあったみたいだ。

なにしろ、高校で自らマンガ同好会を立ち上げ、ぼくと駆け落ち同然で結婚したときも、嫁入り道具のほとんどはマンガ本だったという女である。一家言あったって不思議ではない。で、彼女がホームページで取り上げたのが、

大島弓子
上村《かみむら》一夫
あすなひろし

の3人だった。マンガ忌避世代のぼくからしたら、上村一夫は『同棲時代』の作者、大島弓子は猫が出てくるマンガを描いた人、ぐらいの知識しかなくて、「あすなひろし」にいたっては名前すら知らなかったのだが、

「日本中で、あすなひろしのページはここしか無いのだから」

と本人には格別な思い入れがあったみたいだ。

「『嵐が丘』とか『サマーフィールドから来た少年』なんて、少女マンガで独特の味を出していたのよ」

1941年生れというから、ぼくと同い年だ。いろんな職を転々とした後マンガを描き始め、60年代70年代には中央のマンガ雑誌にコンスタントに作品を発表していたが、格別華やかに光彩を放つこともなく、常に〝右やや斜め後ろ〟に位置するような存在だったらしい。そして80年代に入るといつの間にか姿を消し、噂ではどこかで土木作業員をしている……というミステリアスな作家なのだそうである。

この人選は当った。といっては、好きで取り上げたヨーコには失礼になるかもしれないが、どちらかというとくすんだ存在に光を当てたことが、このサイトに人を集めたようだ。掲示板の発言の90%が、上村一夫や大島弓子ではなく、あすなひろしにまつわるものだったのだという。

やがて熱心なファンが「あすなひろしプロジェクト」というのを結成し、広島に引きこもっていた本人を見つけ出して接触を始めたのも束の間、2001年3月22日に、落魄《らくはく》なのか隠遁《いんとん》なのか判然としないこの不思議な作家は、ひっそりと肺ガンで世を去ってしまった。

身内以外に彼の死を知らされたのは「あすなひろしプロジェクト」のメンバーだけで、その話がこのサイトの掲示板に伝えられたことによって、

「〝2ちゃんねる〟っていう掲示板だけの人気サイトがあってね、そこで取り上げられたんだって」

それで〝漫画家あすなひろしの死〟が世間に知られることになったのだという。一般紙にその情報が載ったのは、ヨーコの掲示板で公にされた1カ月ぐらい後だったし、マンガ雑誌の編集者ですら、そのときに初めて知った者が多かったのだそうである。

ふーム、これがインターネットの威力というやつだナと、冷淡派のぼくも、つい心を動かされてしまった次第である。

＊

「映画」のコーナーは、女房が自分の青春時代に見た70年代の洋画を中心に作品をリストアップしたページ。『真夜中のパーティー』から『ブリキの太鼓』までの70本近くが並べられている。この70本はどういう基準で選んだのか聞いたら、見た映画のうち、プログラムかチケットの半券が残っているものだけを取り上げたというのだから笑ってしまった。存在証明付きの映画目録というわけである。

例えば『風と共に去りぬ』をクリックすると、

〈39アメリカ／制作　デビッド・O・セルズニック／監督　ビクター・フレミング／原作　マーガレット・ミッチェル……／出演　クラーク・ゲーブル、ヴィヴィアン・リー……／39年度アカデミー賞／米南部の貴族社会が南北戦争によって打ち砕かれその荒廃と混乱の中から再建が進められていく姿をスカーレット・オハラの姿を通して描いた最大の名作〉

と私家版『シネマクラブ』みたいな記述があって、そこにプログラムの表紙が添えられているという趣向である。

マンガと違って映画なら、ぼくにも語る材料がないわけではない。ヨーコが挙げた70本の中でも、『エルビス　オン　ステージ』や『時計仕掛けのオレンジ』など10本くらいは見ていたから、アアダ、コーダ一緒になってあげつらうことはできた。そのうち、勢いあまって、

「プログラムなら、オレだって持ってるぜ」

と茶箱の底を引っ繰り返して色褪《あ》せたパンフレットの束を取り出したのだが、ここで期せずして、女房との年齢差が露呈されることになってしまったのだ。

『灰とダイヤモンド』『勝手にしやがれ』『情事』『土曜の夜と日曜の朝』『長距離ランナーの孤独』『尼僧ヨアンナ』『去年マリエンバードで』『パサジェルカ』『幸福』『男と女』『卒業』……。

明らかに一世代前の映画である。これじゃあ70年代を看板にした映画サイトには使えないな、と思いきや、ヨーコにしたら証拠の品は古いほど値打ちがあるということらしく、

「わッ、凄いお宝!」

なんて喜んで、全部引き取っていった。それで何をしたのかというと、
・1970年以前
・ポーランド映画
・アートシアター
という3つのコーナーを新設して納めてしまったのだ。次々に部屋を増築していく温泉旅館みたいな、こういう無節操が許されるところがまた、ホームページ作りの魅力らしい。
それにしても、こんな渋いコーナーを見に来るヤツがいるのかなあと人事ながら心配したものだが、映画ファンというのはとにかく幅広くて、またマニアックなのが多い。ヨーコのこのサイトに、
〈新作・旧作なんでも構いませんので、「これは!」と思った作品がありましたらぜひお知らせ

ください!!〉

という書き込みコーナーがあるのだが、そこを覗いてみると、『太陽の誘い』(98スウェーデン)、『ストーカー』(79ソ連)、『コミタス』(88西独)、『赤い薔薇ソースの伝説』(92メキシコ)、『セレブレーション』(98デンマーク)、『無伴奏シャコンヌ』(94仏・ベルギー・独)、『かさぶた』(87イラン)……。

NHK教育テレビでしか上映しないような国の作品がぞろぞろ並んでいるではないか。まあ、このコーナーに〝デカプリオの『タイタニック』〟なんて書き入れたら、それこそタダバカでしかないだろうが、とにかく炯眼《けいがん》、独眼、偏眼の士がこの世界には揃っているのだ。

だからヨーコの貧弱なコーナーでも覗きに来る人は結構いたようで、とうとう原稿依頼まで来てしまった。

日本・ポーランドの或る友好団体から、「ポーランド映画に関するメール原稿を2回分書いて欲しい」というメールが来たのだ。これには本人もハタと困った。なにせ、専門分野外だものね。数カ月逡巡したあげく、1回目は、「ポーランド映画と言えば、アンジェイ・ワイダ。すでに様々に語り尽くされたであろう映画ですが、この監督の代表作からまいります」と『灰とダイヤモンド』を取り上げ、この映画のタイトルとなったノルウィド作の同名の詩を引用してお茶を濁したのだが、そこから先には、当然のことながら、進めない。それで2回目は「この映画をリアルタイムで観た方(1941年生まれ)からの感想をいただきましたので、ご紹介します」と、亭主であるぼくが、見知らぬ他人として、登場することになったのだ。

〈★60年代

ぼくが東京で大学生になったのは1960年（昭和35年）だった。

そのころは映画館もウジャウジャあって、新旧の映画がいくらでも見られる幸せな時代だったし、映画そのものも活気に満ち溢れていた。英国の「アングリーヤングメン」、フランスの「ヌーベルバーグ」が評判になり始めたころだ。トニー・リチャードソンの『長距離ランナーの孤独』、ゴダールの『勝手にしやがれ』、クロード・シャブロルの『いとこ同士』、トリュフォの『大人は判ってくれない』、フェリーニの『甘い生活』、アントニオーニの『情事』等々、ヨーロッパ映画が主流だったが、その中でも特異な位置を占めていたのがポーランド映画だった。社会主義国でありながら体制に迎合せず、また、そういう国だからこそ生まれる独特の緊張感が魅力だったのだ。そしてその代表は、いうまでもなく『灰とダイヤモンド』だった。

★政治の季節

1960年は〝安保〟の年だった。全共闘世代の、もうひとつ前の政治世代、全学連の時代である。何十万人ものデモが国会議事堂を取り巻き、6月には女子学生が死亡し、ぼくらの大学でも集会やデモで授業は半分もなかった。だから、そのころの学生はみんな、多かれ少なかれ政治青年であり、左翼だった。

そういう環境にあったぼくら学生に、この映画は強烈な印象を与えたのだ。

★構造の面白さ

まず、主人公が自分の行動を政治思想によって規定しているというところが、ぼくらの気に入った。ヤクザの一匹狼よりも、はるかに心情的に共鳴できた。

そして、ドラマの構図の面白さ。これが日本映画なら、悪である保守の体制に挑んで空しく挫折するというパターンになるところだが、そうは単純でないところが魅力だった。

主人公が歯向かうのは善である共産党政権であり、観客が感情移入して共感する主人公は民族派のテロリストであるという捩《ね》じれた構造。観る者は、撃つほうにも撃たれるほうにも痛々しい共感を抱かざるをえない。だから余計、主人公のバカバカしい死に方が胸に迫るのだ。

★登場人物たち

主人公のマチェクと恋人クリスティナを取り巻く人物たちも、実にくっきりと魅力的に描き分けられている。敢えて冷徹に振る舞うテロ指導者、老朽ジャーナリスト、ピエロっぽい秘書、思想堅固の委員長の息子……。これら副人物たちの配置も実に巧みである。ぼくはその後、この映画を10回以上観たが、ワイダは意外に伝統的な映画手法を駆使しているのだなと感じた。たとえばマチェクが委員長を撃って抱きかかえた瞬間、背後に花火が上がるところなど、いかにも映画っていう感じである。息子が尋問されているとき、裸電球の周りを蛾が舞っているところなども、そうだ。そういう絵づくりの巧さが、この深刻なテーマの作品をふくらませているのだ。

★余話

ポーランド女性は美人が多いと言われるがこの映画でも、ぼくはイイ女を見つけた。クリスティナではなく、最後に貴族くずれのオヤジとポロネーズを踊っていた酒場の歌手だ。長らく、彼女はぼくの憧れの女性だった。

最初にこの映画を観た何年かのちに、マチェクを演じたチブルスキーが汽車に乗り損ねて死んだと聞いたとき、親しい先輩を失ったような痛みを感じた〉

しかし、ぼくのこの〝力作〟はほとんど反響を得なかった。一通だけ来た感想のメールは、〈数年前に灰とダイヤモンドを見ましたが、正直いって、全然、面白くない。第一、戦争が終わったのに、なぜ共産党員を殺すのか分かりませんでした〉

クソして寝ろ！　である。

⑩――チョコ網を始める

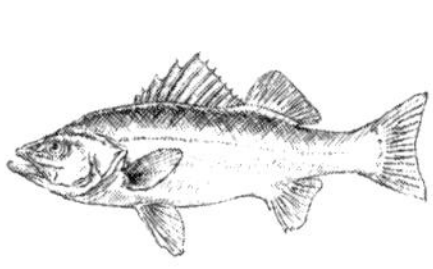

スズキ

ぼくの漁民組合加入が決まったとたん、

「チョコ網をやらないかい？」

と、さっそく持ちかけて来たのはナオキだった。

「マサルさんが、やらねえかって言うんだよ。仲間はいるっぺ、って」

菊地丸のマサルは沖の島の北側の漁場で規模の大きな定置網を始めていたから、今までやっていた香の地先のチョコ網（規模の小さな定置網）まで手が回らなくなったのだ。

「漁場代の3万だけこっちで払えば、道具は貸してくれるって言うんだ」

香の県道沿いに「シースタッフ」という店を構えているナオキは、船のエンジン周りの修理や販売が一応本業ということになっているが、刺網をかけたり潜ったりしてサザエやイセエビを売ったりもしているから、まあ、半商半漁というか、漁業はお手のものである。

そして、ぼくはというと、そもそも二十何年前に初めて漁師の仕事に手を染めたのが、このチョコ網だった。まさにこの同じ漁場で、山海丸の親方からチョコ網漁の手ほどきを受けたのだから、いわば自家薬籠中《じかやくろうちゅう》の技術である。

「いいね。やろうよ。オレが仕事で東京に行ってるときは、ヤスヒロに手伝ってもらえばいいしな」

山海の跡取りのヤスヒロはNTT勤務だが、チョコ網漁は早朝に1時間もやればカタがつくので、勤めに支障はない。

「それに、ヨーコだって手伝うよ」

＊

と、話はトントン拍子に進んだのだが、いざやるとなると、チョコ網はアジ釣りに行くみたいにアラヨッて訳にはいかない。けっこう大仕掛けな設備を用意しなければならないのだ。

定置網というのは、単純にいうと、沖に延ばしたカーテン状の網の先に、楕円形の囲い網をつけたものである。カーテン状の網の長さが200メートル、楕円形の囲い網は25メートルプールといったところか。香の漁師の伝統では、これを春先に入れて秋には揚げてしまう。つまり、毎年入れ直すので、新たにチョコ網を始めるとなると、「網入れ」からやらなければならない。

これが実は、なかなか大変な作業なのだ。「網入れ」といっても、網自体はふわふわしたものだから、網を吊るす枠から作る必要がある。住宅でいえば、カーテンレールの設置だ。しかし、海の中には柱も鴨居もないから、海底の砂地に錨や土俵を入れ、フロート（ブイ＝浮き）のついたロープを張って枠を作る。つまり、フロートの浮力と錨や土俵の固定力とで、海の上にロープの型枠を作るのである。

海岸沿いの道をドライブしていると、沖に向って黄色やオレンジ色のブイが点々と並んでいるのを見ることがあるだろう。あれが、この定置網の枠なのだ。

「よし、じゃあノリにも手伝わせて始めるか」

親方に納まったナオキが宣言したのは3月の末だったが、なにしろ、楽しいことをまず優先する酔っぱらい仲間である。

「オレ、明日はゴルフだ」

「今日は吹いているしな」

「二日酔いだから明日にしよう」

等々、いろんな理由をくっつけて先延ばしし、やっと海に出たのは4月も半ばだった。

「錨を探すのが先だな」

幸い、菊地丸が去年まで操業していたから、真っサラなところから始めるよりはずっと楽だ。カケダシ（長い誘導網の部分）を支える16個の錨は、ナオキとヨーコがボンベで潜って探し出した。ぼくは船をあっちこっちして錨綱に目印のフロートを付ける係。潜り手の水泡を見失わないようにゴッサン（go stern＝後進）で船を右往左往させるのもくたびれる作業だったが、水温15度の海に3時間も出たり入ったりしていた2人はそれどころではない。ナオキもくたくたになって、その日は夕方早くから、潜りついでに岩場から取ってきたナマコを肴《さかな》にして飲むことになってしまった。

「この調子じゃあ、網入れは7月になっちまうぜ」

「まあ、いいっぺ。ぼちぼちやんべえ」

沖の囲い網の枠は去年のままで残っていたので助かったけれど、これはこれで補修が必要だった。カキ落としである。ロープやブイにカキ（フジツボ類）やカラス貝（イガイ）がびっしりくっついて沈みかけているから、それをきれいに落とさなければならないのだ。

菊地丸のクレーン船を借りてロープを宙づりにし、木槌やイソガネ（アワビを剝がす金具）ではたき落とす。ナオキとノリと3人、香漁港の堤防が釣り人で賑わう連休中、沖で汗まみれになって働いた。この作業ではカラス貝が手に入るから、夜はそれでまた一杯だ。殻のままバターで炒めてから酒蒸しにする。

「夏より身は小さいけど、味は悪くねえな」

「なんてったってムール貝だもんな」

「このタチウオは、ノリか？」

「うん。今朝、入った」

ノリは半導体工場を辞めて菊地丸の乗組員になっていたから、酒の肴に不自由はしない。

「ダルマイカのポンポン焼きも、もうじき出来るよ」

＊

海の作業と並行して、親方のナオキには、サツマもやらされた。

「今晩は酔っぱらう前に、こいつを片づけてしまおう」

うちの床にドサッと置いたダンボール箱には、12ミリのロープが山になっている。

「げーっ、何本あるんだよ」

「100本はないよ。80本かな」

「これ、みんなサツマ入れるんか？」

ロープとロープを繋いだり、ロープの端を折り返して環っかにするとき、縛るのではなくてロープ自体に編み込む方法がサツマである。その作業を「サツマを入れる」とか「サツマを差す」という。チョコ網でロープから網を吊るすためには、片端が環っかになった50センチくらいの紐が大量に要るのだ。

「いくら何でも、80本は要らねえっぺ」

「土俵を縛るのにも使うからさ」

サツマは漁師の基本技術だ。

菊地丸が新しい定置網の準備をしたときも、大量のロープが持ち込まれ、香の漁の関係者全員が手伝って浜や小屋でサツマを入れるのに何日もかけたものだ。このときは、普段は使わない4本芯のロープまであったので、これにはサツマに慣れている地元の漁師たちも往生した。網屋の社員で、鹿児島の甑島《こしきじま》出身のシマノさんという人が先生になって、みんなを指導した。勘が悪くて不器用なぼくなんか何度も指導を受けて、宿題まで出されたほどだ。20本のロープと夜中まで格闘して翌朝持っていくと、シマノさんはニヤッと笑って、

「うーん、まあ80点だな」

と大甘の採点をしてくれた。

「サツマを専門にしている連中がいてね、グループになって全国あちこちを車で移動して注文をこなしている。結構いい仕事なんだよ」

とシマノさんは言う。ロープのサイズも千差万別だし、中にはワイヤロープもあるから、実は奥の深い高等技術なのだ。

といっても、基本はそんなに複雑ではない。

「1本入れたら、1本飛び越えて次を差すんだよ」

とヒデさんや栄丸の船長に何度も教わってきた。

が、それが上手にいかない。差していくうちにこんぐらがってしまって、なかなかうまくいかないのだ。

「あ、また変な形になった」

「どうして、こうなるの」

「これは100点だろ」

などと、不良品の多い製品作りに勤しんだのだった。

「自転車や水泳は一度覚えたら決して忘れないっていうけど、サツマは違うなあ」

ナオキが帰ったあともヨーコと作業を続けて、全部差し終ったら深夜になっていた。

＊

網入れは5月の半ばになった。夏みたいに暑い日だった。

「ナオキ、網はどこにあるんだ?」

サツマで環をつくる

ロープの先端をほどき、ロープの編み目に１本ずつ編み込んでいく。

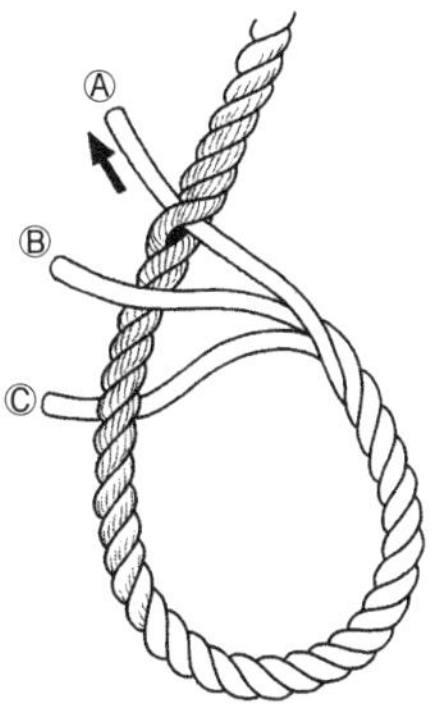

1

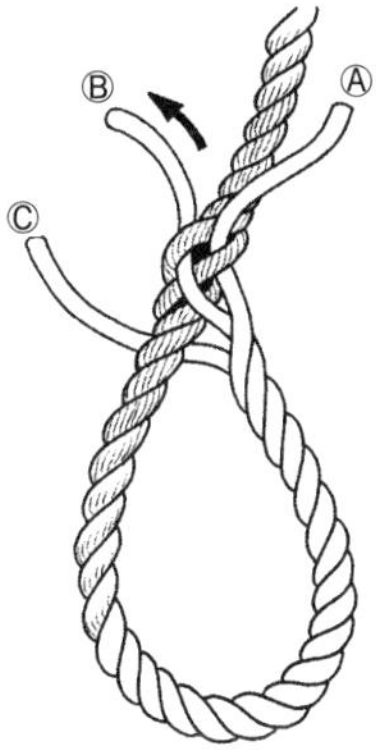

2

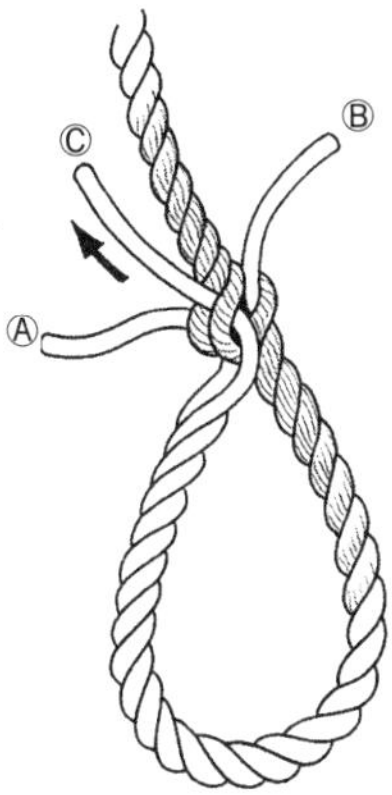

2′(２の裏側)

3（1～2 くりかえし）

完成

「六中の下」

六中というのは昔の府立六中、今の新宿高校のことで、大正時代からこの学校の寮が香の浜にあるので、地元ではいまだに「六中」で通っている。「新宿高校」なんて言ったら、バアさまなんかから「はあ?」と問い返されるぐらい、ずっと六中なのだ。

寮の下の浜の隅に廃船が2つ並べてあって、そこに去年までマサルが使っていた網が山積みになっていた。

「これがカケダシだな」

とナオキと二人で引っ張り出す。チョコ網の網は、カケダシと囲い網。囲い網は「運動場」というカーテン状の網と、底のある「箱網」の2つから構成される。都合3つだ。この3つの2セットで網一式になる。網が潮で汚れるから、「網どっかえ(取り替え)」が必要なので、二揃い要《い》るのだ。もしもこれを全部自前で用意したなら何百万もかかるに違いない。マサルの網を使えるだけでも、親方ナオキは幸運である。

長いカケダシをナオキの軽トラに山積みにして堤防に運んでから船に乗せ、入れるときは、今度はぼくが海に入った。ナオキが船から網を落とし、ぼくが潜ってロープに網を縛っていく役である。

このときに使うのが、サツマで環っかを作った短いロープである。これを地元では「ボタン」と呼ぶが、枠のロープから垂れ下がった短いロープで網の上部を縛るのだ。網の底には鉛の錘《おもり》がついているから、これでカーテンが出来上がるわけだ。

香の漁法②——チョコ網漁

規模の小さな定置網で、楕円形の囲い網は25メートルプールぐらいの大きさ。魚は長いカケダシに沿って囲い網に導かれる。網の中に入った魚は、「運動場」とよばれる網の中をグルグル泳いでいるうちに「箱網」へ入り、逃げられなくなる。

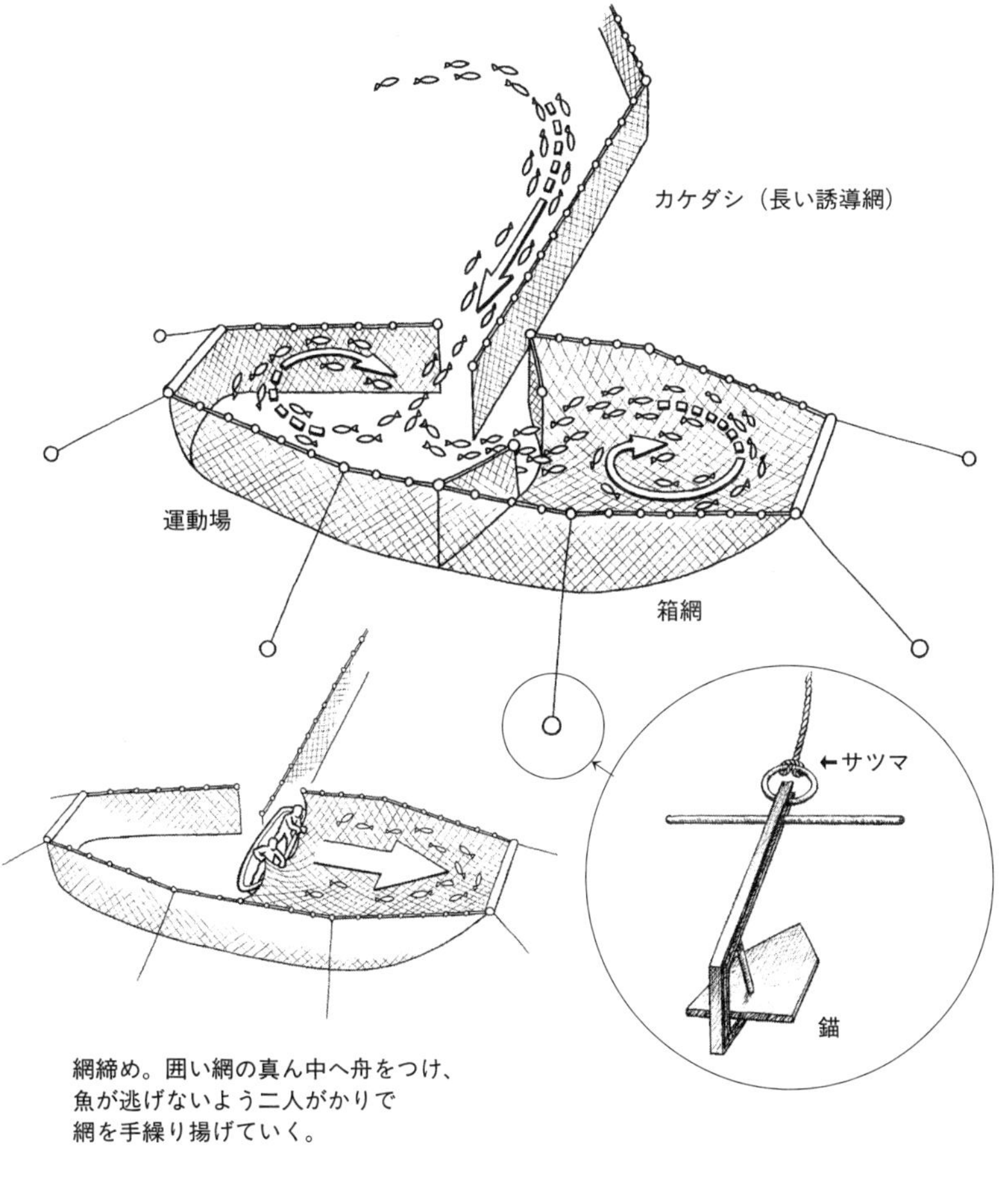

網締め。囲い網の真ん中へ舟をつけ、
魚が逃げないよう二人がかりで
網を手繰り揚げていく。

午後は運動場と箱網。

「おう、専門家が来てくれたか」

菊地丸乗組員のノリがクレーンの4トントラックを持ってきてくれたので仕事は早かった。けど、それから先が難しい。ただのカーテンのカケダシと違って、かなり入り組んだ構造である。沖に行っても、ぼくは潜ってボタンを縛っているだけでよかったけれど、ナオキとノリは船の上でずいぶんアアダコウダやり合っていたみたいだ。海中の3次元の構造を船の上の2次元で処理しようというのだから、そりゃ、頭が要る。だから漁師はバカでは出来ないのだ。

考え考え網を落として、どうやら、まともと言えるチョコ網の形になったなと全員が納得したときには、5時を回って辺りは薄暗くなっていた。いつの間にか南風が強くなって白波まで立っている。

「明日の初締めは大丈夫かな」

＊

翌朝は4時半に目覚しで起きた。

大丈夫、風はない。

ヨーコもナツミもすぐに起きてきた。パソコン母娘も、初網のこの日ばっかりは漁師の衣装をまとおうというのだ。高校1年になったナツミも、登校前に初網を手伝うという。1回の手伝いで千円のアルバイト代を支払うとナオキに言われたので、それが主なモチベーションだ。

それぞれカッパを着て2台の車で浜に行くと、ナオキがすでに来ていた。

「嬉しくって、4時から起きてた」

と笑う。

伝馬の山海丸に4人が乗って船を出すと、房州の山から昇ったばかりの陽が西岬の海を照らして、初網にふさわしい気持ちのいい朝だ。

「おう、久しぶりの朝日だ」

とナツミがハシャぐかたわら、船外機の舵棒を握ったナオキが、

「何も入っていなかったら、どうしよう」

と弱気の顔を見せる。

西のチョコ網では、ショウベイ（庄平＝屋号）が、すでに締めていた。網をたぐっていって魚を獲る作業を、ここいら辺では「締める」というのだ。

前方、沖の島の根では、カンべ丸のヒデさんや藤平丸のキミオさんが刺網を揚げている。今の時期、刺網ではイセエビやサザエのほか、カワハギやカサゴ、メジナが掛かる。

囲い網の真ん中に船を着けると、艫《とも》をナオキ、オモテ（舳）がぼくで、底網の端についた手綱を引き揚げる。ヨーコとナツミは真ん中で網をたぐろうとしたが、4人全部が左舷に寄ると船が引っくり返りそうなので（4人の体重を合わせたら300キロくらいになるだろう）、ヨーコは右舷でヤリ（船が先走らないように張るロープ）を持つことにした。

網を締める作業は、何が入っているかなと、いつでも楽しみなものだが、いわんや今日は初網、自分たちで苦労して設置した網の初漁だ。スリリングきわまりない。

底の網がゆっくり浮いてくる。

「赤いのがたくさんいるね」

「ちぇっ、金魚だよ」

ネンブツダイだ。金魚に似ているから地元ではそう呼んでいるが、売り物にはもちろん、漁師のオカズにもならない雑魚なのだ。

入った魚が逃げないように、ナオキが左肩、ぼくが右肩の網を垣根のように張って、徐々に狭めていく。

「お、底を泳いでいるのはトビだな」

「アオリもいるよ」

値のいい獲物を認めると、ますます腕に力が入る。アオリイカなんかは表面に浮いてきて、ちょっと網をゆるめるとヒラリと逃れ出てしまうからだ。オモテに位置するぼくの場合は、右手で網を張りながら左手で中の網をたぐっていくことになる。今日は間の網をナツミがたぐっているので、まだ楽だが、オモテと舳と二人きりの場合は、腕の筋肉が萎えてしまうほど力を使うものである。

船が魚の取り出し口に近づくと、一気に網を狭めて、ぼくがタモを持った。

「ヨーコ、カメの蓋《ふた》を開けろ」

掬《すく》ったアオリイカを船のカメに空ける。アオリイカは活けで売るものなのだ。

トビウオは船の上にぶちまけた。ヤリイカやジンダ（小アジ）なんかの小魚もいくらか混じっている。

いらないキンギョを掬って網の外に捨てる。

「これっぱかししか入らないのか」

「なに言ってんだ、さっきはスイタン（漁獲ゼロ）を心配してたのに」

船曳場に戻ると、ヨーコとナツミを先に帰し、ナオキと魚を選《え》り分けながら魚屋を待った。

「どうだった」

「アオリが少しと、トビ」

「どら、どら」

と浜の皆が見にくる。

仲買の与助丸が来たので、アオリを計って出した。四つで4・7キロだった。今はキロ1000円ぐらいだから、夕網をやっても単純計算で1日1万円か。こりゃ、ナオキの顔が曇るのも無理ない。

「トビはみんなに配るよ。初網だからな」

と、タルに8分目ほど入ったトビウオを前にナオキが言う。

その中からトビを3匹と、カゴの中のヤリイカを1本、オカズに取った。

＊

家に帰ると、入れ代りにナツミが「眠たい」「眠たい」と言いながら自転車で登校していった。

ヤリイカを焼き、トビをおろしてナメロにする。ナメロは刺身肉を味噌と香辛料で叩く房総の郷土料理だが、トビウオを使うのが最高なのだ。ただ、今は紫蘇《しそ》っ葉がまだ無いので、味噌と長ネギだけで叩いた。

「うーん、さすがだね」

普段は、朝飯から刺身を食うなんて考えただけで気持悪くなるが、祝いの初網で、しかも肉体労働のあとである。

「うめえなあ。やっぱ、うめえもん食いたけりゃ、朝早くから働くべきなんだな」

「夕網もやるの？」

「もちろん」

「じゃあ、晩のおかずは、またトビのナメロ？」

「アホさ！　晩は多津味だっぺよお」

⑪——ヘルムート・バーガー

チョコ網を始めてから、毎朝5時に起きて船に乗る「肉体派モード」の生活が続いたが、実は、初網1カ月後の1999年6月、またパソコンを買ってしまった。今度も富士通のFMVで、プリンター無しで20万円くらいの機械だった。わが家にとっては3号機となるパソコンだが、これはぼくの仕事のために購入したものだ。

ぼくが仕事をしている週刊誌の編集部は、3年前には〝パソコンのパの字〟もおぼつかないパソコン処女だったのに、いつの間にか会社がコンピューター化を押し進めていて、ぼくらの編集部にもノートパソコンが1人に1台配られることになったのだ。いずれは全員がパソコンで原稿を書いてフロッピーで入稿するようにし、将来的には印刷会社とラインでつなごうという構想らしかった。

それはそれで結構なこと、別に異論はなかったのだが、問題は文字入力の方式だった。それまで原稿を書くために会社から配られていたのはOASYSのワープロで、「かな入力」の場合は「親指シフト」の機械だったのだ。鉛筆書きをワープロに変えて以来、ぼくはこの方式で10年間キーを叩《たた》き続けてきた。書いた原稿は四百字詰で5千枚を下らないのじゃないか。それが一斉にローマ字入力になるというのだから、たまったものじゃない。

「ベータマックスみたいなもんだな」

「それよりもっと悪い。オレたちは陸《おか》に上げられたカッパさ」

「〝誘惑されて捨てられて〟ってとこだな」

と守旧派の中年連中は、表現力はあるから、自分たちの不幸を様々に形容したが、所詮《しょせん》、長い物には巻かれるしかない。当面はOASYSフロッピーでもいいというので一息つくことは出来たが、これだって、いつ廃止になるか判らない風前の猶予期間だ。

そこでぼくは決意したのだ。

よし、「明日から英字入力でWORDで原稿を書いて下さい」と、いつ言われてもいいように、今からトレーニングしておこう。いざその時に、パソコン育ちの若者の前でオロオロしたり、教えを乞うたりするのは、いかにも悔しいではないか。やるぞ!

てなわけで、3台目のパソコンを購入してしまったのである。

それまでも、ローマ字入力は全くやらなかったわけではない。インターネットが繋がって怖《おそる》々《おそる》メールを出すときはこれでやるしかなかったから、窮屈な思いをしながらアドレスを打ち、短い文章を書いた。窮屈だから言い回しに工夫を凝らす余裕もなく、電報みたいな最低限の伝言しか書くことができなかったのだ。で、そんなママ子みたいな境遇から脱出しようという心意気から、3号機を導入して身近に置いたのだったが……。

やっぱりねえ。

まず書式設定からして思うようにいかない。原稿用紙の基本は20字×20行の四百字。でも、手書きでなければ文字は小さくて済むから、ぼくはワープロでは1枚を20×40にして書いていた。四百字詰2枚の勘定だ。そのほか、雑誌の記事なら13×15とか、12×15とかバリエーションはあったが、どれでもワープロでは自由自在に設定できた。

ところが、これをパソコンでやると、老眼鏡をかけて細かい数字を設定し、用紙などのほかの設定を終えて戻ってくると、なんのことはない、最初の設定が狂っているではないか。やっと数字だけは望みどおりに設定し、いざ画面を出してみても、ページをはみ出していたり改行が違っていたりと、思うようにいかないのだ。それでも無理して文字を打ち込むと、今度は設定した画面が動いていってスラスラ書けない。

「ちッ、動く原稿用紙に文章が書けるかよ」

ちゃんとノウハウを知ってしまえばマトモに使えるのかもしれないけれど、

「オラ、そこまで機械に尾っぽ振りたくないね」

と、とうとう切れてしまった。

「ヨーコ、このパソコン、お前が使っていいよ」

「えーっ？　だって……」

「パソコンなんて糞食らえだ。オレは死ぬまでOASYSで行く。どうせ10年もしたら、オレはこの世にいないんだからよ」

「そんな……」

＊

「そんな……」

と言いながら、この申し出に女房は内心、欣喜雀躍《きんきじゃくやく》したに相違ない。だって、癖の多かった2号機のFMVに比べれば遙かに性能が良くて、性格も素直な機械だったのだから。

実はこのころ、女房のインターネット病はいよいよ重篤《じゅうとく》の領域に入りつつあった。ぼくが漁業権を取得して「生涯の転機」と喜んだのと符節を合わせたかのように、彼女には生涯をかけて入れ込むテーマが浮上してきていた。

ヘルムート・バーガー、だ。

映画俳優だが、かなりの映画通でなければ知らないのではないだろうか。

ぼくが最初にヨーコにチョッカイを出したとき彼女は19歳だったが、

「好きな俳優は？」

とアリキタリの質問をしたとき、即座に返ってきたのが、

「ヘルムート・バーガー」

という返事で、グエッ！　となったのを覚えている。当時は、若い女の子が100人いたら99人は、

「アラン・ドロン」

と答える時代だったから、この選択は秀逸というか、ユニークだった。実はぼく自身、ヴィス

コンティの作品に出ている俳優だなと名前だけは知っていても作品を見たことはなかったのだ。

それから何年かして見た『家族の肖像』にも出演していたらしいが、主演のバート・ランカスターの存在感が強烈すぎて、ヘルムート・バーガーの印象は薄かった。

しかし、『雨のエトランゼ』でバーガーの虜《とりこ》になったヨーコは、その後、『地獄に堕ちた勇者ども』『ルートヴィヒ　神々の黄昏《たそがれ》』、そして『家族の肖像』などを何度も見て、ますます偏愛の度を強めていたらしい。美男にして、ちょっと異常っぽいところが、たまらないのだという。

だから「本・コミック・映画・ダイビング」のホームページを最初に立ち上げたときも、ヘルムート・バーガーだけは独立したコーナーにして旗を振っていたのだそうだが、反響は少なかった。もともと出演本数が少ない上に、日本で公開された作品が少なかったから、よほどの物好きしか注目していなかったのだ。それで、〝物好き〟の一人のヨーコが彼の経歴や作品リスト、ゴシップなどをインターネットで集めているうちに、

「資料が集まり過ぎてサーバーに収まりきれなくなっちゃったのよ」

新たに「Ｓａｌｏｎ　ｆｏｒ　Ｈｅｌｍｕｔ　Ｂｅｒｇｅｒ」というホームページを作ってしまったのである。ぼくが漁民組合に加入したのとちょうど同じ頃だった。

反響は、ページを開設したその日からあった。

〈一番好きな映画……勿論『家族の肖像』です。バーガーのどこが好きかって……退廃的な美貌と素晴らしい演技力。彼の醸し出す全てに堕ちてしまいました〉

〈本格的に虜になったのは『ルートヴィヒ』です。どうも私は、頬骨の美しい男に弱いらしい〉

〈私が好きなのは彼のヒップ・ライン〉

〈切ないくらいの美しさと気高さ〉

〈『地獄に堕ちた勇者ども』くわえ煙草の横顔と、親衛隊の黒いコート姿。『家族の肖像』さりげなくS・マンガーノに火を差し出したりする見事なヒモぶり……〉

〈『家族の肖像』で、彼が老教授に介抱される場面は、舌なめずりしながら、何度もビデオを再生しています（ヘンタイか……）〉


日本ではそれほど知られた俳優ではないが、ヴィスコンティ作品などで見せた妖しい美しさにハマッた熱狂的なファンが全国に潜在していたようで、それがこのホームページの出現で一気に喋りだしたのだ。


〈あったんですね〜〜、バーガーさまのHP!!　懐かしさに涙ボロボロです〉

〈我が青春のヘルムート！　なつかしさでいっぱいです。今、一番言いたいこと→嬉しい〉

〈まだうら若き15歳の頃、ヘルムート様のあの眼差しに出会った瞬間から、いまだに魔法がとけません。『ドリアングレイの肖像』を読み耽った少年は彼に理想を見たのでした〉


回顧派に混じって、若いファンからの投稿もけっこう来た。

〈きゃー!!　こんな素敵なホームページがあったのね〜！　ヘルムート様に魅せられてもうずいぶんたちますが、私の周りに彼のことを知る人はいないので、一人でヘルムート様に熱を上げていました。しょうがないですよねえ、今の若者はふつー、ヴィスコンティなんて観ませんものねえ……ちなみに私は18歳の高校生です〉

Salon for Helmut Berger

English versio

Salon for Helmut Berger

Welcome ! This website is unofficial Helmut Berger fan-site.

Last Update: 1/25.2003
4
Renew '99.04.23
(since'98.09.29)

Copyright(C):1998-2003. Salon for Helmut Berger All Rights Reserved.

0 0

「ヘルムート・バーガー」のホームページ。
http://helmut-berger.com

〈私は高校生で、17歳です。周りにファンの人がいなくて悲しんでいましたが、ここを見つけて本当に感動しています〉

〈今大学二年なんですが、去年ドイツ文化の授業で『地獄に堕ちた勇者ども』を観たのです。もちろん授業の理解に役立ったわけですが、私はそんなことよりも、マルティンを演じたヘルムート・バーガーのぞっとするような美しさが頭から離れなくなってしまいました。これから大学の図書館にある作品から観ていこうと思っています〉

〈このサイトを見つけたときは、やったと思いました〉

というメールは、ニュージーランドから送られてきたものだった。

〈だって現在、非常識なほどの田舎町に留学中で、『ルートヴィヒ』をはじめとする一連の作品を見れずにフラストレーションを感じる日々を送っていたところですもの。（それに、18歳の私のまわりにいる人なんて、みんなレオナード・デカプリオしか好きでないし）……〉

この海外からのメールの発信者は日本人だったが、外国人からのメールも来た。

〈素敵！　素晴らしい！　すごく感動しました。私はヘルムート・バーガーが大好きなので、このサイトは今やインターネットの中で一番お気に入りの場所です。ありがとう。同好のファンと出会えて幸せです〉

と英文で伝えてきたのは、ロシアのモスクワの女性だった。ヨーコのホームページの中身は日本語だったけれど、タイトルが英語だったのでアクセスしてきて、ヘルムート・バーガーの写真もたくさん掲載していたので、喜んだらしい。モスクワでアニメーションの仕事をしている人だそうだ。
　このメールをキッカケに、ヨーコは発奮して、「Ｓａｌｏｎ　ｆｏｒ　Ｈｅｌｍｕｔ　Ｂｅｒｇｅｒ」の英語版も立ち上げたら、来るわ来るわ、横文字のメールが。ヘルムート・バーガーはオーストリアの出身で、イタリアのヴィスコンティ監督によって花開いた俳優だから、ドイツ、オーストリア、イタリアからの便りが圧倒的に多く、みんなが慣れない英語で思いを綴ってきた。
〈凄いホームページ！　ヘルムートこそ史上最高の俳優にしてエンターテイナー、そして酔っぱらい、そして（許してもらえるなら）恋人だ！〉（ドイツ）
〈立派なウェブサイト。世界最高のアーチストの話題を読めるのは最高です〉（オーストリア）
〈Ｗｅ　ｌｏｖｅ　Ｈｅｌｍｕｔ!!〉（スイス）
〈修学旅行でフランスのストラスブールやベルダンに行ってきましたが、戦争の傷痕にショックを受けただけでした。それはそうと、私たちの地理の先生はどうも信用できません。例えば、日本人は貧乏ヒマ無しで、子供は一日中学校で勉強させられる、なんて言っていますが、本当ですか〉
　などとヘルムート・バーガーの話題から離れて、毎回長文の便りを書いてきたのはドイツの女子高生。メール交換を繰り返している間に高校を卒業してＯＬになったそうだ。
「私、とうとうゲイにされちゃった」
　とヨーコが笑ったのは、イタリアの男性。
「バーガーの写真を収集するのが趣味なので、何か持っていないかと言ってきたから、持っていると答えたら、ヌードのはないかと言うのよ。少し持っていたので送ってあげたら、バーガーのどういうところが好きかと聞いてきたから〝全部だ〟と答えたら〝Are you a gay？ ですって」

男か女か区別のつかないハンドルネームを使っているので、そういう誤解が生じたのだ。バーガーの友人だというイタリア男性もアクセスしてきた。

「外科医で、バーガーとはしばしば会う機会があるので写真を送ってくれるって言うの。半信半疑でいたら、本当に、その人の家族と一緒に写っているバーガーのスナップ写真が送られてきたのよ」

〈私はツーリストのガイドをしています〉

と伝えてきたのは、イタリア女性。

〈バーバリアにあるリンダーホーフ城を担当しています。ヘルムートとルキノ・ヴィスコンティを愛してやまないからです〉

リンダーホーフ城はルートヴィヒII世の居城で、映画の撮影もここで行われたのだ。

〈日本の観光客も大勢来てますよ。もしも、あなたがいらしたときは、私に声をかけてね〉

アメリカからも、サンフランシスコ、デンバー、アラバマなどいろんなところからメールが来たが、さらに遠方からも声がかかった。

〈サンパウロにいるイタリア人の友人が、ヘルムート・バーガーは2年前に死んだと言うので調べていたら、このページを見つけてホッとしました〉

とブラジルのファンが書いてきたかと思うと、チリからは、

〈インターネットでヘルムート・バーガー作品のスペイン語版のビデオやＤＶＤを入手できませんかね。知っていたら教えてください〉

と尋ねてきたりする。ブルガリアの30代男性からのメールには、お国柄が表れているとともに、格調の高い文章でバーガーに対するオマージュが綴られていた。

〈ヘルムート・バーガーは私の世代にとっては一つの神話です。しかし、私たちは彼の作品をそれほどたくさん観る機会がありませんでした。稀に、鉄のカーテンをくぐり抜けてその作品が来たとき、みんな貪るように熱中したのでした。

ヘルムート・バーガーは恐らく一般大衆に受けるような俳優ではないでしょうが、そのスタイルとエレガンスは突出しています。

悪魔かデカダンか、夢想者か異常者か、いずれにしても、彼は貴種に属する人間として私たちを魅了してくれるのです〉

これら海外のファンと文通するために、

「高校の英語の教師がヤなヤツだったので、それから英語が嫌いになったの」

と豪語していたヨーコも、いやおうなしに英語と格闘することになった。もちろん翻訳ソフトも活用していたらしいが、それだけでは不完全なので、英和辞典、和英辞典も買って本気で取り組むようになった。中卒程度の英語力で海外のファンと意思を通じ合おうというのだから、まあ、一日中パソコン部屋に籠っているのも無理はないと、そこらへんは理解できないではなかったが、

しかし、文通だけでは済まなくなった。

物の流通も始まったのだ。バーガーの写真、ポスター、出ている雑誌なんかをもらったり、インターネットで買ったりするから、宅配便や横文字の郵便物が毎日何回となく届けられる。あまりに回数が多いので、受領印のハンコを玄関に常備するまでになった。それで、ヨーコが留守だと、ぼくが出ていって受け取る。着払いだと、金を数えて渡す。なんなんだよ！

もっと厄介なのは、バーガー作品のビデオテープだった。バーガーはアラン・ドロンのような俗なスターではないから、ビデオ屋にもあまり作品を置いていない。『地獄…』『ルートヴィヒ』『家族…』のヴィスコンティ3部作ですら置いてない場合がある。ましてや、それ以外の作品になると、深夜映画でちらっと上映したというようなのが多いし、

「それに、日本語吹き替えですからねえ」

と、純正ファンはうるさいのだ。結果、海外のファンから送ってもらうことになるのだが、これが面倒くさい。PALだとかSECAMだとか、カラー方式が日本と違うのだ。それで、そういうビデオがドイツなんかから送られてくると、それをまた東京の変換業者に送って金を払ってVHSで見られる日本方式に変えてもらうという回りくどい方法で処理していたのだが、行き着くところ、とうとう〝世界で使えるビデオ〟というのを購入してしまった。〝受信時と違うカラー方式で録画したり、録画時と違うカラー方式で再生したりすることができます〟とか謳《うた》ったインターナショナル基準なのだそうだ。何万円かかったのか知らないが、インターネットのオークションで買ったらしい。

それ以外にも、レーザーディスクやＤＶＤのセットもインターネットを通じて買いそろえた。同じ作品でも、違う録画方式のものは全部所有したいというのだから、これはもう偏執狂の領域である。

かくして〝バーガー命〟の疫病神が着々と我が家を冒して、亭主のぼくがいる場所はどんどん狭められていったのだ。

⑫――漁師の楽しさ

女房のヨーコがヘルムート・バーガーに、娘のナツミが有明、館山、鴨川とコミックマーケットに熱中している夏休みの間、ぼくはせっせと漁業に勤しんでいた。朝5時半出港のチョコ網と、潜り漁、それにカンベ丸のヒデさんのイカ叩き漁の手伝いだ。

女房も娘も、もともと海は嫌いではないから、チョコ網や潜り漁に付き合うことも無いではなかったけれど、それは天気が良くて海が凪《な》いでいて気が向いたときだけの話で、普段は昼間っから、ヨーコはパソコン部屋に籠もりきり、ナツミは友達を呼んでマンガを描いたりホッチキスで製本をしているという、アウトドアの夏にあるまじき不健康な日々である。こちらがアップアップするほど毎日海の遊びに付き合わされた小学生のころが、まるでウソみたいだ。

二人とも年齢とともに成長して、自分のやりたい事を見つけたのに、オヤジのぼくだけがバカの一つ覚えみたいに十年前と同じ海の歌を歌っているという悲しい構図。

でも、やっぱ海は面白いんだ！

イカの叩き漁なんて、これは一種のスポーツだといっていい。海原に長い網を仕掛け、その周

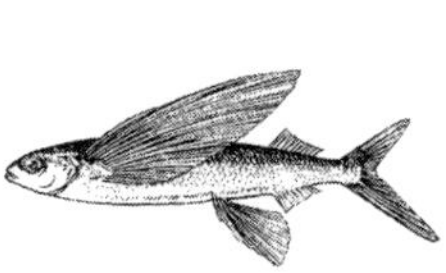

トビウオ

りをバッチャンバッチャン叩いて回る。リレー競争のバトンぐらいのステンレスの棒を紐の先にゆわいつけて、それを海に投げ込んでいくのである。投げては手繰り、投げては手繰り、これでアオリイカを網に追い込む。２００メートル以上ある網の周りを3周か4周。ヒデさんが船を走らせ、ぼくが投げ込む。炎天下の海上を風切る心地よさ。運動量だってバカにならない。ヒデさんが一人でやると、この漁のシーズンで毎年必ず5キロ体重が減るというから、すごいダイエット法なのだ。

イカは〝叩き〟の何に怯えるのか、水面を叩く音だ、いや水中に出来る水泡の柱だ、海底に棒がズシンと当る音だと諸説あるけど、とにかくイカは逃げていって網に突き刺さる。叩きが終ると網を揚げて、それを取る。40センチ、50センチ……1キロ、2キロ、ときには3キロもある大きなアオリイカだ。手早く網から外してそっとカメに入れる。狭いカメはすぐに満杯になるから、船に生簀《いけす》を2つも3つも付けて、それにも入れる。

アオリイカは死んでしまえば半値になるから、生きたまま魚屋（仲買業者）に渡すのが肝心なのだが、8月なんかは水温が高くてアガる（死ぬ）率が高いので、魚屋が港に来る3時、4時まで、潮のきれいな沖で船をぐるぐる走らせながら、待つ。

その時間が実にいい。

沖に出れば、富浦の大房岬から館山の船形、那古、沖の島、そして西端の洲崎灯台まで、全部見渡せるのだ。

「夏休みだっていうのに、海水浴客が少ないなあ。香海岸なんて、パラソル1本見えないや。ま

香の漁法③——アオリイカの叩き漁

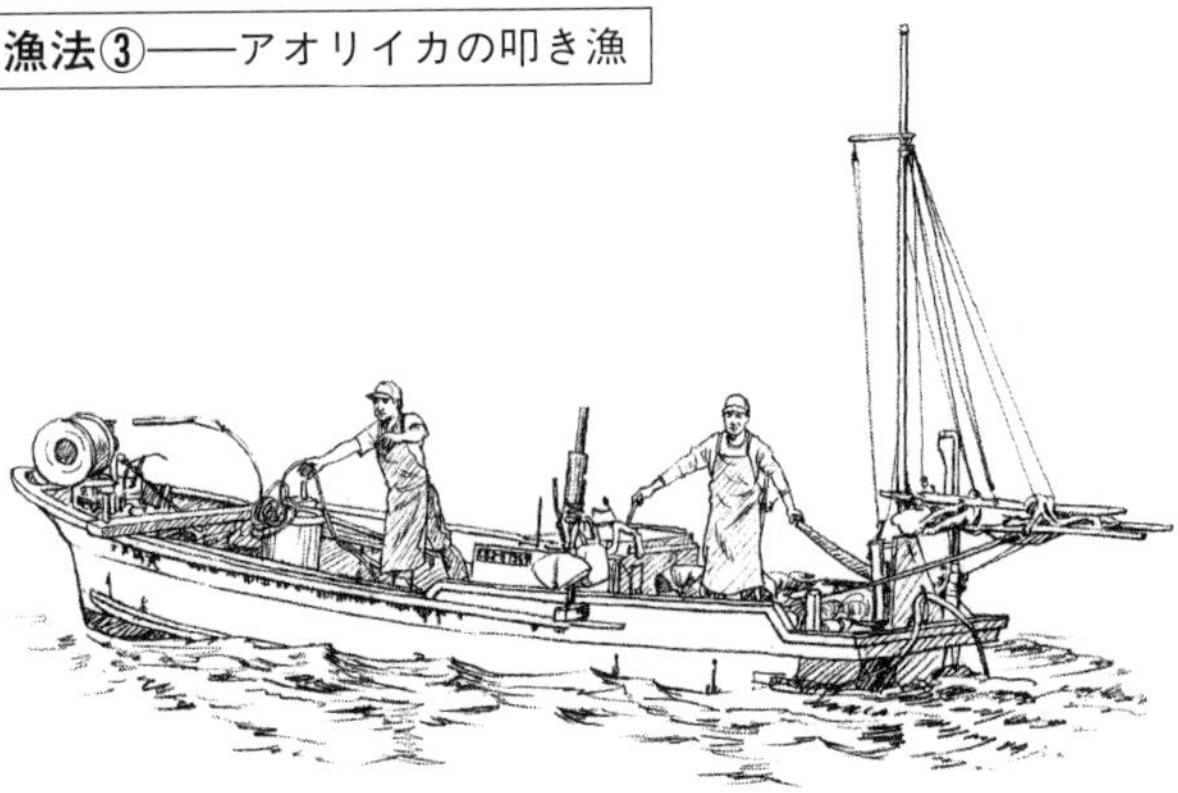

ロープの先にゆわえた1尺ほどの金属棒を海へ
投げ込んでは引き揚げることを繰り返し、
アオリイカを海底に仕掛けた刺し網へ追い込む漁。

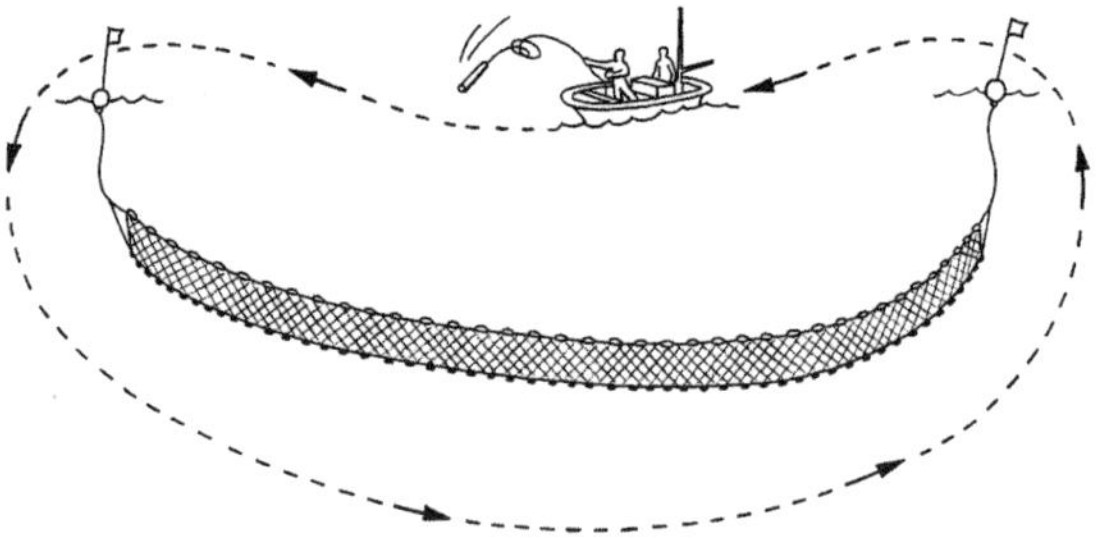

約200メートルの底網のまわりを4～5周して、
アオリイカを追い込んでいく。追い込まれたイカ
は、刺網の表からも裏からも突き刺さる。

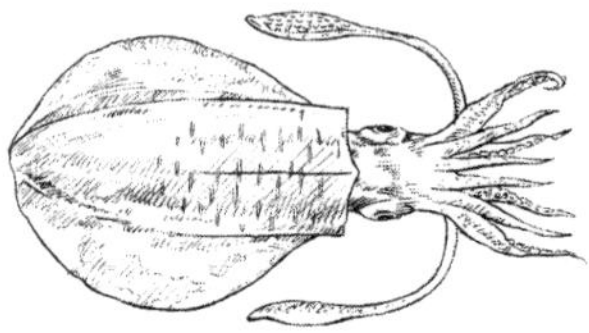

アオリイカ
“イカの王様”と称される高級イカ。
刺身にすると甘く溶けるようで美味。

だ塩見のほうが客が出てる」

「これで盆が過ぎたら、誰も来ねえっぺ」

「名郷浦《なごうら》だけだな、賑やかなのは。浜田のあのデカい建物は何？」

「どれ？」

「黄色い3階建てのビル」

「赤門病院の老人ホームだっぺよ」

「あ、あれが〝なのはな館〟か。沖から見ると、デケエな」

ときどき、海面スレスレにトビウオが滑空する。

「すげえ、50メートルは飛んだな」

「チョコ網にトビは入ってるかい？」

「このごろ入らなくなった」

「昔は、この辺でも網でよく獲ったけどなあ」

「え？　刺網で？」

「うんにゃ、流し網っていってな、トビは表面を泳ぐから、浮いた網を使うんだ。半日掛けておくとバンリョウ（魚を入れる大きな竹籠）に1杯獲れたよ。このごろは、みんな船外機を使うんで網が巻かれちまうから、やらなくなったけどな」

「へーえ、今度やってみたいな。網の番をしてりゃあいいんだからね」

船を風まかせ、潮まかせに流していて、ときどきエンジンを掛けて走らせる。

「なんだ、それ」

「え？」

「左のオモテだよ」

「あ、なんだ？」

海面近くを、茶色い風呂敷みたいのがふわふわ漂って行く。一瞬、汚れたビニールかと思ったが、そうじゃない。慌てて鉤《かぎ》を持って引っかけようとしたが空振り。ヒデさんが叫ぶ。

「鉤じゃない。タモだよ」

タモ網で掬った。

「うわっ、なんだ……ガニじゃないか」

そこには1センチにも満たないカニの子供が蠢《うごめ》いているではないか。それこそ蜘蛛《くも》の子を散らしたようにウジョウジョいる。種類は判らない。まだ甲羅《こうら》も固まっていない薄茶色の集団だ。風呂敷はなおも西へ西へと動いていく。海を渡るカニの子の群れ。

「沖の島から浜田に移動するのかな」

「漁師を40年やっていて、こんなの見るの初めてだよ」

「地震でも来るのかな……」

叩き漁の夕方はこんなふうにして、暇人のお喋りのような、他愛ないような時間が過ぎていくのだ。

しかし、手伝いで乗るヒデさんのイカ叩き漁は豊漁だった代りに、ナオキと始めたチョコ網はジリ貧になっていった。夏になってからアジ、カマス、小ガツオ（マルソーダガツオ）、ウルメイワシなんかが少しずつ入っていたが、ひところは10キロも入っていた、一番稼ぎになるアオリイカが入らなくなったので、親方のナオキもだんだんヤル気が薄れてきたのだ。まず夕網をやらなくなり、そのうちに網の交換もしなくなって、

「おめえ、カケダシが1メートルも沈んで見えないぞ」

と漁師仲間にいわれるまで放っておくようになった。網が汚れればますます魚が入らなくなる悪循環で、5時に起きて行って日の出の海で作業しても、あんまり甲斐がない。

「どうだった？」

「マルだけだよ。おかずに持っていく？」

「いいのかい？　じゃあ3本もらってく。生干しでフシにするのが好きなんだ」

「オレも1本持って帰ってナマリにしよう」

てな具合で売り物無しがつづき、とうとう8月いっぱいで網を揚げてしまった。

チョコ網に比べると、サザエ、アワビの潜り漁は悪くなかった。収量は平年並だったけれど、おかずをもらうだけのチョコ網とは違って、こちらは漁業収入が得られるので、それが何よりも嬉しかったのだ。

漁業権を得るまでは、サザエを何十キロ獲っても売るのははばかられるから、知人に配ったり、冷凍して来客用に保存しておくしかなかったのだが、今年からは堂々と魚屋に売ることが出来るのだ。

「魚を獲って、売って、それで生活していくのがホンモノの漁師だもんなあ」

最初の漁業収入は5月だった。潜りが解禁したこの月、20キロのサザエを、白浜から来る魚屋の与助丸に売って、約1万4千円の収入になったのだ。こんなの、微々たる額かもしれないけど、象徴的な意味は大きい。20年ぶりの悲願が実現したのですからね。

港でサザエを大小に分けて秤《はかり》にかけ、納品書をもらって、漁師のカッパにはポケットが付いていないから、みんながやるように帽子の下にそれをしまった時は、やっと一人前の漁師の仲間入りをしたような気分になったものである。

二度目の解禁月の8月は、ヨーコと二人で100キロ近くのサザエを獲り、その半分ぐらいを出荷して約7万円の収入になった。御中元で送ったサザエや、自家消費したり客に出したアワビも全部出荷していたなら、16〜17万円になったかもしれない。月収17万円では、家族3人を養ってはいけないけど、まあ、行き先長い漁師マラソンの助走としては、悪くない成績ではなかろうか。

＊

9月に入ると、チョコ網も止めたし潜りも禁漁になったので、ぼくの漁師モードも変換しなければならなかったが、うまい具合に、8月下旬から9月初旬にかけては稲刈り、脱穀という田んぼの仕事にかかずらわっていたので、気持の切り替えはスンナリ出来た。

それで、久しぶりに浜に出て手掛けたのが、刺網である。

農事暦、漁撈暦の大きな目安である八幡神社の祭りが近づいた9月中旬の昼下がり、山海丸の脇で雨ざらしになっていた三枚網を点検した。一寸角くらいの網の両側を目の粗い網でサンドイッチした網である。

昼飯から浜に戻ってきたカンベ丸のヒデさんが、

「その網、まだ使えるのか?」

とニヤニヤしながらカラかう。それもそうだろう。この網は、7年前に亡くなった山海丸の親方がまだ漁師をやっていた時分に使っていたもので、籠に入れたまま放ったらかしておいたのだから。

「何とかなるっぺ」

あちこちに大きな穴は開いているが、ボロボロになっているわけではないので、ぼくはそれを船に積んだ。刺網は、潜り漁や定置網とは違った単純明快な面白さがあり、これぞ〃小漁師〃の基本なのだ。ただし、問題は、これをどこに仕掛けるかだ。

夕方仕掛けて翌朝早く揚げる刺網は、普通はイセエビやサザエや根魚のいる根（海底の岩のある部分）にかけるが、香の漁業区域内の根は、あんまり豊かではなく、沖の島から西に延びる根が主戦場である。岩盤が隆起して折れてしまった地形なので、断層面がノコギリの歯のように、ずっと沖まで、1キロ以上も続いており、タナが多く海草も豊富なので、格好の漁場なのだ。潜り漁の漁場でもあるので、ぼくはそのかなりの部分の形状を知っているから、そこに掛ければ手堅い漁になるのは判っているのだけど、なにしろ、香の5人の漁師が数本ずつの網を掛けているから、この一帯は旗竿《はたざお》の満艦飾《まんかんしょく》。そこへ新参者が割り込むのは、どうも気が引ける。

もうひとつ、人工島の周りも、浜から100メートルほどの近場にもかかわらず、イセエビがよく掛かるいい漁場なのだけど、ここも入れ代り立ち代り誰かが掛けているので遠慮せざるをえない。

「となったら、サンカンダシだな」

船曳場から沖の島に向う途中にある岩礁がサンカンダシで、この岩礁の脳天（一番高い所）に立つと館山の三つの観音寺が同時に見えるので〝三観出し〟という名前が付いたのだという。ここもよく潜る漁場なのだが、どういうわけか刺網は誰も掛けていなかった。潜った経験からいって、サザエはもちろん、イセエビの姿も見かけたし、メバルやカサゴなどの根魚も多いから、網に掛からないはずがない。ぽつんと離れた場所で誰の邪魔にもならないから、万事好都合ではないか。

〝漁師は山を見る〟

という言葉があるように、海の上での位置決めは陸の目印をすり合わせて定める。

「東は自衛隊の管制塔と××が重なるところ、南は山の上の電波塔と△△の屋根が一致するところ」

という具合に見定めておけば、満潮になっても潮が濁っていても、正確にその場に行き着くことができる。

初網はサンカンに掛けることにしたぼくは、脳天を巻くようにしてから南に網を落としていった。網を落とすときはプロペラに巻き込まれないように、船をバックで運転する。船は最低速。

香の漁法④——刺網漁

刺網漁には、網を仕掛ける深さや方法に応じて「浮刺網」「流し刺網」などがあるが、香で行われるのは海底に仕掛ける「底刺網」が一般的である。漁師達は狙う魚に応じて網の目の大きさをかえる。

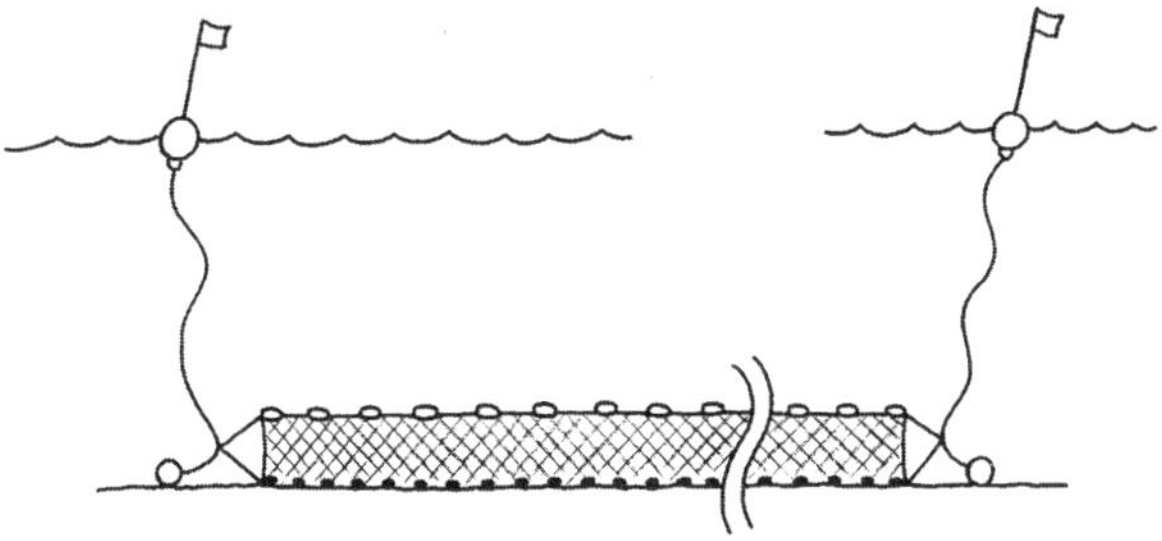

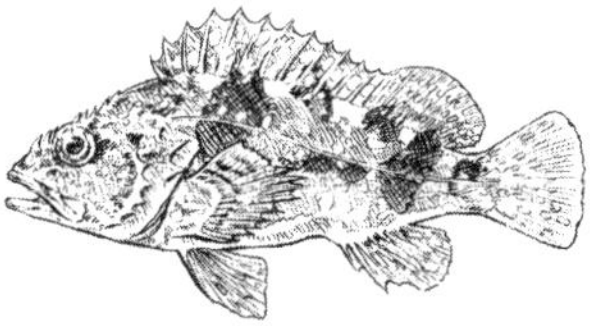

カサゴ（体長約 25 cm）
根魚の高級魚。肉は白身でしまっており、刺身、煮魚、焼魚、カラ揚げなど、なんにしても美味。

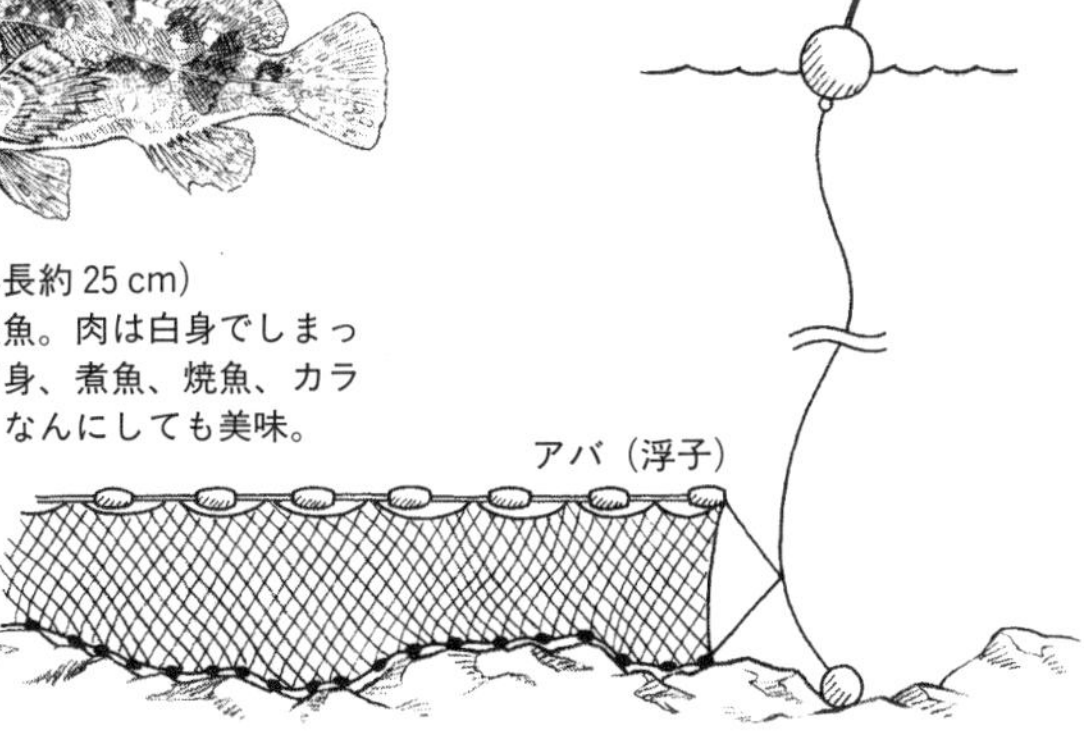

海底の岩場にしっかりフィットするように網を落とす。夕方に仕掛けて、早朝引き揚げる。かかるのは、メバル、カサゴ、ブダイなどの根魚やイセエビ、サザエなど。

網にたるみを持たせないと、底の凸凹にきちんとフィットしないからだ。下手な人が掛けた網を、潜って見てみると、海中で網が張っていて、網の下を魚が行き来しているのだ。だから、船足は遅くして、手早くグニャグニャに落としていく。

入れ終って、網の両端の旗竿の具合を確認すると、急に嬉しさがこみあげてきた。

やっと漁師らしい仕事をしたな。

格好だけはヒデさんと同じになったぞ。

西日の射す海を、わざとトロトロ走らせて浜に戻り、満足感にひたりながら船を引いていると、

「最初はよかったけど、ずいぶん西に来たな」

ヒデさんの漁師の眼はすごい。800メートルも先の網入れの位置をちゃんと見ていたのだ。

「潜ってサザエをつかまえる根に沿って、わざと西に振って掛けたんだ」

と、ぼくは言い訳した。

「そうかい。明日が見モノだな」

＊

翌朝は5時に目覚ましを掛けておいたが、4時半に自然に目が覚めた。日は出ているが雲の動きが急で、南風で海面はいくらか波立っている。

揚げ始めるとすぐに小さなカワハギが掛かってきたので、それを外していたら、網に掛かった魚を食いにきていたかなり大きなタコが逃げていった。逃がしたのは悔しいが、幸先はよい。カジメや他の海藻も引っかかってくるので、根は外していなかったようだ。

郵便はがき

誠に恐縮ですが
切手を貼ってお
出しください。

180-0003

東京都武蔵野市
吉祥寺南町1の18の7の303

㈱出窓社編集部　行

フリガナ		生年　19□□年	
氏　　名		男・女	歳
住　　所	□□□-□□□□　都道府県　区市郡		
職業または学年		電話	
購入書店名（所在地）		購入日	月　日

出窓社　愛読者カード

書　名

◎本書についてのご感想、ご希望など

◎本書を何でお知りになりましたか

1. 書店店頭でみて　　2. 広告を見て（　　　　）
3. 新聞・雑誌の紹介記事を読んで　新聞又は雑誌名（　　　　）
4. 先生・知人にすすめられて
5. その他（　　　　）

◎このハガキで小社の本の購入申込みができます。

小社の本が書店でお求めにくい場合にご利用ください。直接送本いたします。代金（本体価格＋税＋送料）は書籍到着時に郵便振替でご送金ください。送料は何冊でも310円です。

購入申込書　＊eメールでもお受けします。dmd@demadosha.co.jp

書　名	本体価格	冊

カサゴが来た。

小さなカワハギとアイゴとキンタマが多くて往生する。小さなカワハギは逃がしてやりたいから、その場で外すようにしているし、アイゴはヒレに毒を持っているので迂闊《うかつ》に触れない。キンタマとはタツナミガイのことだが、ラグビーボールを半分に切ったようなブヨブヨした生き物で、触ると固くなるのでキンタマと呼んでいる。紫色の汁を大量に出すので始末が悪いのだ。アイゴとキンタマはその場で処理できないので、舷側に吊しておく。

目を上げると、ヒデさんとキミオさんの船が帰っていく。彼らは掛けた網の本数が多いし、魚屋が待っているから、薄暗いうちから沖に出て揚げていたのだ。

真ん中へんでイセエビが来た。ギイ、ギイ鳴いている。

最後近くに、ヒラメとスズキ。

*

船曳場に戻ると、カンベ丸も藤平丸もとっくに出荷を済ませていて、白浜の魚屋・与助丸と見《けん》物《ぶつ》の金子鮮魚店のトラックが帰り支度をしているところだった。

「どうだった?」

とヒデさん。

「まあまあ。スイタン（漁獲ゼロ）ではなかった。いいヒラメが1匹掛かった」

「カサゴも掛かったっぺ」

「うん」

「売るのかい？」

「売らない。オカズにする」

船を中途まで引いて、網に掛かった魚を外していると、ヒデさん、ヒデさんを手伝っている弟のヨシオさん、藤平丸のキミオさん、みんなが新人漁師の初漁を見にきて、

「ほお、それだけ獲れればオンの字じゃないか」

と励ましてくれた。

イセエビ　1匹
ヒラメ　800g　1尾
スズキ　1尾（50センチほど）
アオリイカ　1匹
カサゴ　8尾
カワハギ　5尾
ブダイ　2尾
カゴカキダイ　1尾
サザエ　3個

残暑の朝日が照りつけるので、エビやヒラメを先に家に持って帰ってから、残りの魚を波打ち

際で捌《さば》き終ったら9時。すでに4時間も労働して、やっと朝飯にたどりついた。

ナツミが、

「ワーッ、朝からエビだ！　晩はヒラメの煮魚を食べたい」

と叫んで登校していったそうだ。

＊

刺網漁が大変なのは、網を仕掛けたり揚げたりする作業よりも、網に掛かった売れない魚や海草、カニ、ヤドカリ、石などを取り除く作業で、それを〝モク取り〞という。

味噌汁飯を流し込むと、ぼくもすぐに浜に戻ってモク取りにかかった。長い竹竿を船に渡して、洗濯物のシーツを広げるみたいに網を広げてゴミを取っていくのである。

隣のカンベ丸では、ヒデさんとヨシオさんが慣れた手つきで3本の網をさっさと片づけていく。

「まあ、ゆっくりやんなせえよ。夕方、掛けにいくまでに出来ればいいのだから」

「今日は掛けないよ。オカズだけだもん、1週間に2回も掛ければ充分だよ」

サザエは魚屋に売ったけれど、10年ぶりの刺網の魚を出荷する度胸はまだ無い、というのが正直なところだった。とにかく、ウブな新人漁師なのだから！

明け方激しく動いていた雲が、ときどき強い通り雨を降らすので、ウインチをシートで覆《おお》い、車に逃げ込んだりしながら、のんびり網を掃除していると、昼になった。雨が通り過ぎると、強烈な陽射しが襲ってくる。

「暑いから敢えてラーメン」

とヨーコにラーメンを作らせ、それを流し込むと、

「楽しくってしょうがない」

と言いながら、すぐに船に戻った。

朝はカッパ姿で網を揚げたのに、今は海パンとTシャツである。車に麦茶とタバコが置いてあるので、一服しながらノンビリやっていく。誰のことも気にせず、時の過ぎるのも忘れて、マイペースで網のことだけにかかずらわっているのは、本当に楽しいのだ。この単純作業をやりながら、ぼくはヌマさんの言葉を思い出した。

定年漁師のヌマさんはタコが専門で、一升瓶に入れた水だけを持って毎日のように海に出ると、一日帰ってこない人だったが、そのヌマさんがしみじみ語ったことがあった。

「海はいいよ。誰からも文句を言われないし、眠たくなったら寝ればいいし、喋りたくなったら一人で喋っていればいいのだからね」

最近は体をこわして浜に来なくなったヌマさんだが、一人で漁師をやっていると、その言葉が身に沁《し》みて判るのだ。

それに、単純作業とはいっても、モク取りは無味乾燥な仕事ではない。可愛いハコフグや美しいチョウチョウウオ、ツノダシもいれば、形の面白いスベスベマンジュウガニやコノハガニも掛かっている。そういうのは、

「ほら、生き返れ」

と言って海に放してやるし、ヤドカリやウニ類も種類が多くて、観察していると飽きないのだ。

カンベ丸と藤平丸が今日の網掛けを終え、カワハギ漁をやっていた伝右エ門（デーミ）丸が沖から戻り、そこに与助丸のトラックが来て、浜が夕刻の賑わいに包まれる時分に、やっとぼくは片付けを終った。

男たちはひとしきりお喋りした後、

「仕舞いにすべえよ」

と言いながら、それぞれの家路に着く。

「今晩はヒラメの煮魚か……。大きいから、半分は刺身にしよう」

⑬――ウィーンにおでんを送る

この間《かん》も、ヨーコのパソコン病は着々と進行していた。ぼくが不漁のチョコ網漁から帰ってきて納豆飯を食い、庭の草刈りをしてひと汗かいたので、

「ウーロン茶」

と叫ぶと、ナツミが持ってくる。

「ヨーコは？」

「パソコンしてる」

残暑厳しい炎天下の午前10時ですよ。ムッと来るのも当然でしょ。

しかし、女房が狂うのにも、それなりの理由があった。ヘルムート・バーガーが自伝を出したのだ。『Ｉｃｈ《イッヒ》』（私）という単純明快なタイトルのその本は前の年に刊行されたが、インターネット上にその広告が出たのは、ぼくが漁業権を取った記念すべき年、１９９９年だったのだ。

「自伝が出た！　自伝が出た！」

と騒いで広告文のプリントアウトを持ってきた。ドイツ語だが〈Ａｕｔｏｂｉｏｇｒａｐｈｉ

e〉と書いてあったので、判ったらしい。本人の近影らしい顔のクローズアップの表紙写真も付いていて、ファンにとってはいかにもオイシそうなパンフだ。

「これ、ホームページに載せたいのだけど」

「オレに訳せっていうのかい？」

「お願いします！」

ドイツ語は中途までしか学ばなかったぼくは、独和辞典と『ドイツ語四週間』と格闘しながら、ほとんど勘で訳したのだった。

＊

〈ヘルムート・バーガー『私』
ある過激な生涯

本書は出版される前から衝撃的な話題を呼んだ。素顔のヘルムート・バーガーがさらに素顔を晒《さら》そうとしている。といって破れかぶれの本ではなく、彼の波瀾《はらん》に富んだ生涯が辛辣《しんらつ》に、そして常にエロチックに、そしてかなりの部分までオープンに語られており、内に秘められた性格が表に現れて、興味深く面白い読み物になっている。ザルツカンマーグート出身の青年の印象深い生い立ちから、ロンドンへ、ローマへ、そしてハリウッドへと、俳優としてたどった忘れがたい旅路。ロミー・シュナイダー、リズ・テイラー、ミック・ジャガー、バート・ランカスター、カトリーヌ・ドヌーブ、シルバーナ・マンガーノ、そして偉大なイタリア人監督ルキノ・ヴィスコンティとの出会い。彼によってバーガーは強烈な愛の啓示を受け、その関係は1976年から監督の死まで12年間続いた。
『地獄に堕ちた勇者ども』『ルートヴィヒII』の輝ける俳優。その生涯のスキャンダルと熱狂に満ちた裏面。にもかかわらず、ヘルムート・バーガーは常に愛されることを望んだ。波瀾の70年代中盤の、ヨーロッパの富裕階級や名門家族や映画スターたちの酩酊生活の数々……それらを皮肉に、冷やかに、辛口の筆致で描く！
３２０ページ　写真多数
ウルスタイン出版社〉

＊

ヨーコはさっそく丸善に注文して現物を取り寄せた。確かに〃写真多数〃で、初めて見る写真も多いと言って本人は喜んだが、肝心の文章がドイツ語では猫に小判である。

「どこかで翻訳出版してくれないかなあ。絶対に凄い本だもん」

と、マニアックに言い募るので、ぼくも2、3の出版社に持ちかけてみたのだったが、どこも、

「キワモノっぽい内容のようですね」

と取り合ってくれなかった。

「広告パンフぐらいなら勘で何とかごまかせたけど、1冊はとても無理だぜ。友達に頼むわけにもいかないし」

と、そこへ救世主が現れたのだ。

オーストリアのメール友達である。ヘルムート・バーガーの地元のファンなので、早くからヨ

ーコのホームページの常連になっていたらしい。セバスチャンという名前だから男だろう。そのセバスチャンが一肌脱いでくれることになったのである。

堤防に仕掛けた籠にゴンズイが70匹ばかり入ったので、それを外流しで捌いていた10月末のことだった。

「セバスチャンが訳してくれるって！」

とヨーコが飛んできた。

「セバスチャン？」

「オーストリアの人よ」

「それがどうした」

「バーガーの自伝よ！」

こちらの手は出刃包丁を握っているのに、ヨーコの手には今プリンターから取り出したばかりのメールが握られている。

「まあ、待てよ」

捌いたゴンズイを20匹ずつパックして冷凍してから、文面に目を走らせると、

「さて、いよいよ『Ｉｃｈ』を始めましょう！」

と英文で単刀直入に語り始めていた。

「『Ｉｃｈ』の内容を細かい章に分けて、ひとつずつ順番に訳していくのがいいと思います。毎晩1章を書いて、翌朝あなたに送信するようにします。

どのぐらい捗《はかど》るか、終るまでにどれくらいかかるか判りませんが、多分50〜60章になるから約2カ月で完了できると思います」

で、

〈『Ｉｃｈ』の英訳は残念ながらまだ出ていませんので、１９４４年にオーストリアのバート・イシュルの町に生まれたこの偉大なる俳優の自伝と、彼の人生にまつわる逸話を紹介することは、私の義務であるとともに、私にとっては喜びでもあります〉

と前置きして、さっそく第１章を英訳していたのだ。

次の日には、

「この訳文をあなたの掲示板に載せることは勿論結構です。これはぼくにとっても楽しい作業なんです。まあ、正直いうと、ときどき難渋することもありますが、毎晩１、２時間は訳すようにします。これをやっていれば、下らないテレビを見たり、クラブやバーで金を使う時間もなくなりますからね」

と返信を添えて、第2章を訳してきた。3通目では、

「あなたは何をやってる人ですか」

と添え書きで尋ねてきて、それに対して、男か女か判らないハンドルネームを持った女房のヨーコがどう答えたのか知らないが、4通目ではセバスチャン本人がかなり詳しい自己紹介文を添えてきた。

「私は22歳で、ガールフレンドとウィーンのアパートで同棲しています。週末には、ときどきウ

エルズに住む両親のもとに行きます。ウェルズというのは、オーストリア北部の、バーガーが育ったバート・イシュルやザルツブルグとウィーンの中間にある町です。

ぼくは文学専攻の学生です。数週間後に最終試験が控えていて、それで修士になれたら、次は博士へ向けての勉強が始まります。それと同時に、ぼくはジャーナリストの仕事もしています。文学や音楽のことを書いているんです。ぼくは電子音楽の専門家なので、ウィーンのクラブでディスクジョッキーをやることもあります。

ガールフレンドは心理学専攻の学生です」

次のメールでは、彼が月に1回ディスクジョッキーをしているというウィーンのクラブのホームページアドレスを伝えてきた。『リッツ』という店だった。ヨーコがそのアドレスでアクセスすると、クラブの外の通りの情景や賑わう店内の映像と音声が流れてきた。店に備え付けのビデオカメラが撮った映像をそのままインターネットで発信していたのだ。駒落としのフィルムみたいではあるが、色彩もきれいだし、リアルタイムで動く画像を見られるというインターネットの威力に、つい感動してしまった。

＊

セバスチャンは、
〈『私《イッヒ》』は三つの部分から成り立っている。
・わが生涯の渇望……私は愛されたい
・わが生涯の愛……ルキノ・ヴィスコンティ

・わが生涯の悲劇……32歳にして未亡人〉
と解説を織り混ぜながら、本文の抄訳を送ってくれた。

〈ヴィスコンティの映画に出演したがっていたアラン・ドロンについては、バーガーはこんなふうに語っている。

「私はドロンの女房のナタリーとやった。私たちは、後にマーロン・ブランドと『ラストタンゴ・イン・パリ』で共演して人気の出たマリア・シュナイダーと、3人でベッドで楽しんだのだ。私はこのイヤガラセをさらに徹底させるために、ドロンも今に判るさ、と芸能記者に漏らした。私に手を出そうと思ったら、ヤバイことになるだけさ」〉

とノッケからスキャンダラスな内容が満載されており、確かに「キワモノ」的な本ではあったが、覗き見的好奇心からいっても面白いこと、間違いなかった。

ヨーコはさっそく、その英語訳を自分のホームページに掲載すると同時に、日本語訳をぼくに押しつけてきた。

「代償はハンパじゃ済まないぞ」

と言いながらも、ぼくはバーガーの支離滅裂さに魅せられて、せっせと訳していったのだ。

〈ヴィスコンティは、どちらかというと保守的なところがあるので、自分がゲイであることを知られるのを、家の者（彼はコックや女中を何人か雇っていた）に知られるのさえ嫌がったから、二人は別々の寝室を持ち、夜中にバーガーがヴィスコンティの寝室に忍んでいくのだった……。そして事が済むと、自分のベッドに戻って寝るようにとヴィスコンティはバーガーに言うのだった。

これは、ヴィスコンティがバーガーの若さを考えてのことである。バーガーには若い仲間との付き合いが必要だった。だから夜になるとバーガーは、しょっちゅう密かに家を抜け出した。この夜の逃避行はますます激しくなっていった。一方のヴィスコンティは、映画を撮ったり脚本を書いているとき以外の時間は、本を読んだりクラシックを聴いたりして過ごすのが趣味だった〉
〈バーガーのパーティー好きは今でも変らない。1992年には、50歳の誕生祝いだと称してメチャクチャなパーティーをやった。所はフランス、友人であるエスタンヴィユ家のエレーヌ伯爵夫人の館だった。ジャック・ニコルソンやロマン・ポランスキーも出席した。キャビア、コカイン、エクスタシー、ハシシュ、ウォッカ、シャンペン、ロブスターなどがバーガーによって供された。パーティーは2日間にわたって続いたが、あとに残ったのはヘドと糞の山。しかも立派な食べ物には誰ひとりとして手をつけていなかったのだ〉
〈ヴィスコンティはまた、バーガーを多くの名士たちに紹介した。指揮者レオナード・バーンスタイン、オペラ歌手のマリア・カラス、バレエダンサーのルドルフ・ヌレエフ。このヌレエフとは、バーガーは一時関係を持った。ヌレエフはセックスの超人だったが、バーガーはロシア人特有のニンニクとウォッカ好きには付いていけなかった。ヌレエフはバーガーと同棲したがったが、バーガーはヴィスコンティの特権を彼に渡すようなことはしなかった。ヌレエフが彼の愛人だったのは、ほんの短いあいだで、その間もヴィスコンティはバーガーの夫であり、父親だったのだ〉
〈バーガーと、ローリングストーンズのミック・ジャガーとはいい仲だった。二人はニューヨークでもパリでも、いたるところで一緒になって騒ぎ、この二人に迷惑をこうむらなかった都市は無いくらいである。ビアンカ・ジャガーもいつも一緒で、バーガーはジャガー夫妻のどちらも気に入っていて、二人と一緒に同じベッドで寝たことさえあった。でもセックスは無かった、とバーガーは言っている。「3人で朝帰りして、疲れ切っていたので、すぐに熟睡した。何も無かった」と。そのホテルの部屋の窓は開いたままだったので、彼らは昼ごろ眼を覚まされた。窓の下はホテルの庭で、そこには野外カフェがあったので、ミックもバーガーも一度眼が覚めたあとは眠れなくなった。アタマに来た二人は、カフェにいる客たちの頭に小便をひっかけてやった。おかげで、もちろん、ホテル代は膨大なものになってしまったが……。こんな調子だから、バーガーはパリの「プラザ」とミュンヘンの「フォーシーズンズ」「パレス」は出入り禁止になっていた〉

＊

この邦訳をしているあいだに、たまたま『西洋紋章パヴィリオン』という本（印南博之著・東京美術）を読んだら、エッという記述に出くわした。イタリアの高級車アルファ・ロメオのマークの説明で、

〈この紋章は、本社のあるイタリアのミラノ市の紋章である聖ジョルジョの十字（白地に赤のプレーン・クロス）と、領主であったヴィスコンティ家（Ｖｉｓｃｏｎｔｉ）の子供を飲み込む緑色の蛇の紋章を組み合わせたものです〉

と書いてあるではないか。ヴィスコンティは貴族だとは聞いていたけれど、そんなに由緒ある

家柄だったのか。それで、ちょっと調べてみると、13世紀から15世紀にかけてミラノを中心に北イタリアを支配した家系で、神聖ローマ皇帝マクシミリアンI世とも縁戚関係にあり、スカラ座創設以来のパトロンでもあったという、西洋史の受験勉強だったら暗記しなければならないくらいの凄い家系だったのだ。

いやはや。だからヘルムート・バーガーもフランスの伯爵夫人と遊んだり、モナコ王妃を紹介されたり、スペインの皇太子と会食したりすることができたのだろう。フェリーニの『甘い生活』で描かれた上流社会というのが、まだ確固として存在しているらしい。オナシスだとかニアルコスだとか、乗組員だけで30人もいる豪華ヨットを地中海に浮かべ、モナコだとかスペインだとかに気ままに立ち寄っては遊びまくっている人種が現にいたのである。

＊

セバスチャンは約束どおり、ほとんど毎日訳文をeメールで送ってきた。印刷すると、1回分はA4の紙にびっしり詰めて1枚から1枚半の量だ。これを日本語に訳すと、四百字詰原稿用紙にして4枚から6枚の量になる。毎週東京に出ていって、〈ミイラ死体の新興宗教・ライフスペース〉〈足裏診断のインチキ宗教・法の華〉〈文京区音羽の幼稚園児殺人事件〉などという世紀末的な事件の記事を書きながら、香に戻れば翻訳が待っているのだから、ぼくも漁師をやっている暇がなくなった。

セバスチャンは、たまに数日、間があくと、

「すみませんでした。もうすぐ期末試験で、その後には大学院の入試が控えているので、勉強で

凄く忙しいのです」

と謝ってくる。実に律儀なバーガー・ファンなのだ。

〈『ルートヴィヒII』の編集を終えたヴィスコンティが発作に襲われ、半身が麻痺した。パリで撮影中だったバーガーはローマに駆けつけ、ロミー・シュナイダーに相談した。彼女の兄が著名な医者で、スイスのチューリッヒの病院で病院長を勤めていたのだ。それでヴィスコンティをその病院に移し、手術をした。手術は成功し、しばらくすると歩けるまでに回復した。

ヴィスコンティは仕事を休むことの出来ない人である。ただちに脚本を書き始めた。それが『家族の肖像』だった。この作品の撮影はバーガーにとってはハードワークだった。というのも、彼はこの『家族の肖像』と、ミラノで撮っていたミラ・リージ監督の『恥の柱』を二股かけていたからである。ヴィスコンティの映画は英語だし、リージのはイタリア語、という忙しさである。

この撮影が終わって疲れ切ったバーガーを見て、ヴィスコンティは、リオ・デ・ジャネイロにいるフロリンダ・ボルカンのところへ行くようにと促した。

ところが、バーガーがリオに着くと、フロリンダも彼女の友人たちも、どうも様子がおかしい。数時間後にやっと、バーガーがローマからリオへ飛んでいるあいだに、ヴィスコンティが死んだことを知らされたのだ〉

〈「ヴィスコンティの葬儀は国葬になった。政府の要人をはじめ、フェリーニ、デシーカ、クラウディア・カルディナーレ、アラン・ドロン……みんな列席していた。列席者たちはみんな黒いサングラスをしていた。でも、私だけは違っていた。私は、みんなに私の顔を曝《さら》したかった。ルキノに、ありのままの姿でさよならを言いたかった。隠すことは何もないではないか。涙も出なかった。私は一種の恍惚感にひたっていたようだ。私は、この葬儀のために自分で作った大きなハート型の花輪を、ただ見つめていた。それ以外のものは何もかも幻だった。私は、音のない、魂のない、ルキノのいない映画の中で演じていた」〉

＊

セバスチャンはスキャンダラスな場面でも深刻な記述でも、常に冷静に要約して、判りやすい英文できちんきちんと送り続けてくれた。まるで主任教授にレポートを提出する学生のような真面目さである。

「何かお返しをしなくていいのかい？」

「私も考えていたのよ」

「また『みくに屋』か？」

みくに屋は呉服のほか、祭りの半纏《はんてん》や反物《たんもの》、暖簾《のれん》、豆絞りの手拭なんかを扱っている和装雑貨店で、前にウチにアメリカ婦人が二人ホームステイしたとき、土産はここで買っていった。

「セバスチャンは日本食に興味があるって、前にメールに書いていたので、それはどうかしら」

「しかし、ナマ物は郵送できるのかい？　結構うるさいはずだぜ」

郵便局に聞きにいったヨーコは、

「レトルト食品ならいいんですって」

と、スーパーでいろいろ見立てて、〝今晩の献立〟といった感じの組合わせで買いそろえてきた。メインディッシュは、おでんである。

おでん・ご飯・味噌汁・ふりかけ・柴漬け、きんとき豆、割り箸。

「あんまり豪華な御馳走とはいえないいな」

「レトルトだと限られてしまうのよ」

「食い方が判らないっぺ」

「レシピが要るわよね」

「わかったよ。書くよ」

一品ごとに英文の説明書をつけて梱包し、セバスチャンのガールフレンドのために花模様の巾《きん》着《ちゃく》を添えて、ウィーンに郵送した。

「早いわね。もう着いたってメールが来たわ」

とヨーコが言ってきたのは3日後だった。

「本当にありがとう。レシピもちゃんと付いているんですね。わくわくしてます。今度の土曜日に友人の医学生フローリアンと日本食ディナーと洒落込みます。それから、私のガールフレンドが、いただいた美しいバッグに感激して、お礼を申しております」

セバスチャンの抄訳はほぼ1カ月で完了した。14章立てで和文訳は四百字に換算して約90枚。ヨーコはそれを2、3章ずつホームページに載せていった。

〈バーガーの未見作品なども知ることができ、「Ｉｃｈ」までも読めるなんて、感謝感激でした。これからも遊びにきます〜〉

〈「イッヒ」での赤裸々な発言の数々や薬のこと等、想像以上なので驚きましたが、彼が不幸であり、残酷であるほど、私達は彼に惹かれるのでは？〉

12月末、セバスチャンにお礼とクリスマスプレゼントの気持を込めて、日本酒と銚子、盃のセットを送った。

⑭——房州西岬の花・魚販売

房州の冬は花である。

和田、千倉《ちくら》、白浜、館山と、太平洋に面した房総半島の南東岸では、露地やハウスでポピーやストックが栽培され、出荷したり観光客に売ったりして、近年、重要な産業になってきている。館山でも数年前から、花摘みの観光客が夏の海水浴客を抜いたといわれているぐらいだ。

その花が、まさかぼくを巻き込むことになろうとは……。身から出た錆《さび》ではあったけれど。

2月の末、例のごとく多津味で飲んでいたときのこと、

「西方《にしかた》の花農家に聞いたんだけど、花の出荷ってのも、ずいぶん難しいんだってな」

とチカシが何げなく口にした。西方というのは、旧西岬村の中の、太平洋に面した村々を指す呼び名である。

「ちょっと不揃いだったり、開き過ぎの花は、みんな捨てちまうんだって」

「へえ、もったいない話だな」

「オレたちが安く買って売ろうか」

「どこで売るんだよ。軽トラに積んで回るのか？」

「〝かわいい、かわいい、魚屋さん〟じゃなくて、何て歌えばいいんだ？」

このへんにトラックで回ってくる大阪屋という魚屋が、この歌を流しているのだ。

「花の首飾り…とか」

「花はどこへ行った……」

「そうだ、ネットで販売すればいい」

「ネット？」

ノリの眼がキラッと光った。

「ネット販売か……坂井（西方の一地区）の花農家に、オレの同級生がいるから、話を聞いてみようか」

「いっぱい作ってるんか？」

「うん、ハウスも露地もやってるらしい」

「だけど、ネットで販売するんだったら、捨てる花は売れないぜ」

「そりゃ、そうさ」

「今、ストックやポピーは幾らで出荷してんだ？」

「それを聞いてみるよ」

「しかしなあ、チカシもヤマちゃんも公務員だから、商売はできねえっぺ。オレとノリの二人でやるんか？」

「……」

「ホームページは、誰が作るんだ？」

「ヨーコさんにやってもらおう」

＊

数日後、ノリがうちに来た。半導体工場も菊地丸の乗組員も辞めたノリは、そのころは市内の材木屋に勤めていたから、夕方になれば自由になる。うちで飯を食って飲んだ。

「同級生に話したか？」

「まだ。どんなホームページか、見てからにしようと思って」

ヨーコが試作品をプリントアウトして持ってきた。何枚かゴチャゴチャある。

「商品案内と……、ふーん、注文コーナーもあるんか」

「そこが一番大事なのよ。〝買い物カゴ〟って言って、そこで買いたい人が申込みをするんだから」

「こんなに立派に作るのなら、花だけではもったいないな。海のものも売ろうか」

「そりゃ、いい。五月になって浜の口が開けば、サザエもアワビもあるし、タコとアオリイカと、……カワハギだって、年間を通して何とかなるっぺ」

ノリが帰った後、ヨーコと二人で本格的なホームページ作りにかかった。といっても、ぼくはコンセプトやレイアウトなど、コンテンツを指図するだけで、（なんで、カタカナ英語なんだよ！と反発したくなるが、だけど、これじゃなきゃパソコン世界では通じないってのが、悔しい。「基本概するのは、もっぱらヨーコである。

念」とか「字配り、絵配り」「中身」なんて言ったら、かえって判るヤツがいないだろう)、画面で処理
「名前は何にする?」

「カタカナ名前とか、〝夢〟とか〝ふるさと〟とか、ムードでやるのは絶対にイヤだからな」

「だから何にするのよ」

「中身を正直に現すものにしよう。〝房州西岬の花・魚販売〟でいこう」

ヨーコがパッパパッパと文字を打つ。

「もっと大きな字にしろよ。それから、色もなんとかならないのか?」

「後でどうにでもなるわよ。それからどうするの?」

「本でいえば、それがタイトルだから、次は西岬の紹介文だな。オレが言うから、書いてくれ」

〈西岬という地名は館山市の最西端の14地区からなる半農半漁の地域を指す名前です。……〉

「で?」

「その次は、房総半島の地図だな。房総半島の中で、西岬がどこに位置するかを知ってもらわなければならないから」

「地図は誰が描くのよ?」

「うーん。市販のものを使うと、著作権に触れちまうかもな。いいよ、オレが後で手書きするから、スキャンしてくれよ」

「その次は?」

「このサイトの紹介だっぺ」

「何て書けばいいのよ！」

だんだん不機嫌な声になってくるけど、コミュニケーションのプロとして、ぼくも譲るわけにはいかない。

「言うから書けよ」

〈西岬地区の東端に位置する香（こうやつ）地区の青年団有志が運営する農魚産物の直送システムです。農産物では、冬から春にかけての花、食用菜の花、秋の落花生、海産物では5月・8月のサザエ、アワビ、夏のアオリイカ、秋のカワハギ、そして一年を通して獲れる地タコなど、南房総の豊かな山の幸・海の幸を皆様に提供したいと立ち上げたネット販売組織です〉

「それから？」

「その後に商品案内とか、その……買い物カゴとかを並べればいい」

「スペースとアカウントは、どうするのよ？」

「なんだ、それ」

「プロバイダーに登録しなければならないでしょ」

「アカウントって何さ」

「サイトの住所よ。それぞれに料金を払わなければならないの！」

「ふーん」

扱う商品は、とりあえず、農産物はポピーとストック、海産物はサザエとタコ、でスタートすることにした。値段は、東京で花屋の値札を見たり、魚介類は浜値を基準にした上で、ヨーコが他のいろんなネット販売の例を調べて、なるべくどこよりも安くという方針で設定した。

ポピー　100本　2500円
ストック　20本　3700円
サザエ　1キロ　1400円
タコ　1キロ　1200円

西岬郵便局と千葉銀行に口座を開設したり、運送屋の手配をしたり、ヨーコはヨーコで〝ショッピングバスケット〟の書式を作ったり、販売規約を見よう見まねで掲げたり、ノリのパソコンで注文を受け付けるように実験したりと、メンドーなことがたくさんあったが、3月初めに何とか立ち上げた。

「この商売が上手くいったら、ノリは社長だなあ。新社屋の土地を探しておけよ」

などとバカ話に花は咲いたけれど、どの商品も、せいぜい数百円の儲けにしかならない薄利である。それなのに、なぜこんなメンドーなことを始めたのかと聞かれれば、やっぱ、遊び心、新しいツールで流行の真似事をしてみたいという気があったのかなあ。

インターネットの先駆者を自負しているチカシも、もちろん、この試みの賛同者である。アップした日の晩に多津味で熱っぽくインターネットの効用を論じただけではなく、ちょうどその頃は市役所の広報課の仕事をしていたから、

「コウヤツではこんなに先進的な情報発信をしています」

と新聞記者たちに披露した。その結果、地元の房日新聞をはじめ、産経新聞や毎日新聞が取材に来て、写真入りで県版に紹介されることになり、その結果か、毎日2、3件の花の申込みが来るようになったのだが、状況が一変したのは、3月末の日曜日だった。

「大変よ！」

昼近くに起きていくと、ヨーコがパソコン部屋から飛び出してきた。

「問い合わせが、もう30件以上来てんだから」

「何の？」

「花魚販売よ！　朝日の千葉版に出たからなのよ、きっと。一番のメールは朝6時に来てるんだから」

「ふーん、さすがは朝日だな」

「そんなこと言ってる場合じゃないでしょ。もっと商品を増やさなけりゃ。タコだって、もう10件も注文が来てるのよ！」

「えーッ、ほんとかよ。そいつぁヤバイ」

サザエとタコは、注文が来てから、ヒデさんの刺網にかかったのを回してもらえばいいやと、軽く考えていたのだ。

慌てて浜に駆けつけると、海が荒れているので、船曳場には誰もいない。ノリの家に行くと、ノリは寝ころがってテレビで高校野球を見ていた。

「おい、テレビを見てる場合じゃないぞ！」

南房総、千葉県館山市の西岬（にしざき）地区の花・野菜・海産物を直販するページです。
房州西岬の花・魚販売
メニュー
商品案内
ご注文
お問い合わせ
メール
訪問販売法
に基づく表示
よくある質問と答え
Since 00.03/09
1
Yahoo! 検索
ストックの販売を開始
◆ ストック/20本 ◆
￥3,800円（送料込み）
送料込みで、20本のストックをお送りいたします。
花の色はお任せください。
◆ポピーは台風の影響や悪天候により生育が遅れていますので
現在は販売を停止しております。
房州西岬の花・魚販売
代表者：白石 徳人
〒294-0301 千葉県館山市香126
電話：090-3470-3855
E メール：nisizaki@awa.or.jp
Copyright(C):2000-2002. All Rights Reserved.
房州の暮らしをお届けする
房州Shopping mal
花魚販売は【房州ショッピングモール】も運営しています

南房総の海と里の特産品をネット販売する
「房州西岬の花・魚販売」のホームページ
http://www.awa.or.jp/home/nisizaki

庭の日溜まりで網の手入れをしていたヒデさんが

「なんだ、二人して」

とニヤニヤしながら、ぼくらの顔を見比べる。事情を説明すると、

「海が直って網が掛けられるようになったら、サザエもタコも獲ってきてやるよ」

と快諾してくれた。

「これで海の手当てはついた。あとは、農産物だな。花のほかに無いのかって、問い合わせが来てるらしいんだ」

「じゃあ、菜花《なばな》だっぺ」

隣のシッツェミ（七左エ門）に相談に行くと、

「うちのは育ちが早くって、もう花が咲きかけてるから、売り物には無理じゃない？」

とヒサコさんが言う。

「味噌とワケギと夏ミカンで〝ヌタ・セット〟なんていうのはどう？」

ヒサコさんは、ぼくに田んぼの技術をいろいろ教えてくれた百姓の先生である。五十代半ばだと思うが、何でも面白がる気の若い人なのだ。

「味噌なら、うちで作っているし」

「それもいいアイデアだなあ。でも、すぐには準備できねえっぺ」

「とにかく、菜花をなんとかしよう」

ノリが親戚のヤヘイ（弥平）に相談したら、3月いっぱいは大丈夫だろうから、勝手に切って

いいと言われたという。

「やれ、やれ」

「そんじゃ、菜の花の仕入れはタダ、ってことか？」

うちでラーメンを喰いながら三人で相談した。

「でも、食用菜の花なら、普通のスーパーでも普通に売っているわよ。それを、送料を払ってまで買う人、いるかしら」

「そうだな。そんなに大量に買うものじゃないし、運送費を入れたら、値段では勝負できないよな」

「何かとセットにすれば？」

「夏ミカンと菜花のセットにしよう」

「モンゼミ（紋左エ門）に頼むか」

モンゼミのおっかさんなら、多津味に手伝いに来ていてぼくらの話も聞いているから、事情は判っているはずだ。それに、彼女が多津味に持ってきてくれる夏ミカンは、美味いと評判なのだ。

モンゼミに電話すると、

「いいよ」

と、おっかさんが山まで案内してくれた。あまり行ったことのない南の山の中腹まで、ツヅラ折れの山道を少し登る。

「ここでも菜花を作ってるんか」

「ニゼミの畑よ」

「わーっ、立派なカラ竹だなあ」

船の竿にするのにちょうどいいくらいの太さのカラ竹が何十本と生えていて、その横に、黄色い実をつけた夏ミカンの木が4、5本並んでいた。

「真ん中の木が一番甘いわよ」

木の下の草地にも、実がたくさん落ちている。

「見本を作るんで五、六個ちょうだいね」

「幾つでもどうぞ。木になってるやつを取りなさいよ」

一個、もいで食べてみる。酸っぱ苦い。

「実が下に落ちていると、草刈りのときに跳ねてしょうがないので、取ってもらったほうがありがたいのよ。ミカンもカラ竹も、好きなときに取っていって」

この夏ミカン5個と、ノリが弥平から切ってきた菜花5把とで試作品を作り、

「菜花は20束が3000円で出荷してるっていうから、5束だと……」

ああだ、こうだ、値段を検討して、ネットに乗せた。

〈ナバナと夏ミカンセット　1200円／送料別〉

「ちゃんと出荷するとなると、段ボールの箱も買わなきゃな」

「レシピも入れたほうがいいんじゃない？」

「わかったよ」

仕事で上京する日だったが、最終特急までの時間に、ワープロで作った。

〈食用菜の花……房州らしい食べ方は、ナバナの落花生和えです。落花生が特産の房州では、小売店で粉にした落花生を売っています。これを砂糖と醬油で軽く味付けしてナバナと和えて、食卓に乗せるのです。ナバナの新鮮味と落花生の奥行きのある味がミックスして、美味しいですよ。落花生の粉が売ってなければ、自分でピーナッツを買ってきて、擂鉢で粉にしてください〉

〈夏ミカン……昔ながらの、とても酸っぱい夏ミカンなので、そのままでは、最近の日本人の味覚には合わないかもしれません。どうしてもこの夏ミカンの味をジカに味わいたい場合は、砂糖をまぶしてラップして、冷蔵庫でしばらく寝かせてからご賞味ください〉

＊

東京の仕事から帰ってくると、今度はタコとサザエだ。タコ10件、サザエ6キロの注文が来ている。朝7時に浜に行くと、

「インターネットで売るんだってよ」

とヒデさんが藤平丸のキミオさんに喋っていた。この分だと、すぐに浜じゅうに知れ渡るだろう。カンベ丸の網にはヒラメやイセエビがかなり掛かっていて、大漁だ。サザエを外すと、この朝の漁だけで5キロぐらいにはなったが、

「沖に活けてあるやつは砂が無いから」

とヒデさんが船を出してくれた。

「1キロの注文が6つ来てるんだ」

壷焼きによさそうな大きさのサザエを活け籠から出して秤にかけると、

「船の上だし、水が切れるから、1キロ余計に持っていったほうがいいよ」

と忠告してくれる。

「タコは大きいのがいいのかい?」

「1キロ以上ないと恰好がつかないっぺ」

「じゃあ、今日は3つだな」

それぞれ、またレシピを作り、荷造りして発送した。レシピ作りまではぼく、荷造りと伝票作りはヨーコ、運送屋に持っていくのがノリという分担が、いつの間にか出来上がった。

〈おいしいおいしいサザエをありがとうございました。子供が、海に行ったときに食べた壷焼きの味を忘れられなくて、楽しみにしていたのです。それを家で食べられて、大満足です〉

〈私は、タコ焼き発祥の地の大阪出身なので、タコが大好きなのですが、東京に住むようになってからの38年を振り返ってみると〝美味いタコ〟を食べた記憶がありません。スーパーで買ってきたタコをを家で食べるときは、酢と醬油をドボドボにかけてタコ自体には何の味もしないのをカバーしています。そして土曜日に食べたタコ。あの歯ごたえ、あの味、タコにはチャンと味があったのだということを思い出しました。ビールがうまかったナー!〉

品物には自信があったが、こういうお礼のメールをもらうと、やはり嬉しい。

「コウヤツの良さが判ったっぺ」

と鷹揚《おうよう》にうなずいてみせたが、しかし、これは考えていたよりも遙かに手間も金もかかる商売

だということが、だんだんに判ってきた。花農家が荷造りまでやってくれる花の出荷と違って、自分たちで出荷するとなると、

「友達に送ってやるのとは訳がちがうからなあ」

いろんな種類の段ボール箱を用意しなければならないし、サザエの場合は発泡スチロールの箱が要る。

「バイパスに、段ボールの箱屋があるよ」

「発泡スチロールは那古で売ってるぜ」

「行ってみよう」

他にもガムテープ、ゴム印、納品伝表、領収書……。

それればかりではない。タコは茹でてから出荷するから、ワタを抜いて塩で揉んで茹でて冷凍して……という一連の作業をこなさなければならないうえに、その作業をするには、お役所の許可が必要だったのだ。魚屋、惣菜屋の免状が必要で、そのためには食品衛生責任者を一人置き、調理場も保健所の規定にかなったものでなければならないという。

ヨーコが講習を受けて食品衛生責任者の資格を取り、ノリの親戚のニイの家が別荘になっているので、その台所を、大工のイサオに頼んで、流しやガス台の位置、手洗い場の設置など、保健所から文句の出ないように改造した。

「これにかかった資金を回収するまでに、サザエを何キロ売らなきゃならない?」

まったく、商売というよりも、ボランティアである。

「ノリが羽振りのいい社長になるまでは、まだ遠いなあ」

⑮——漁船隼丸の進水

マルソーダガツオ

忙しいときに、どういうわけか決まって絡んでくるのが、田んぼの仕事だ。いや、ホントを言えば逆で、田んぼをやらなければならない時期に、なぜか忙しい事態が発生するというのが実情なのかもしれないが、とにかく、今回のネット販売の話が持ち上がって軌道に乗るまでの期間も、ちょうど田起こしの時期と重なった。

こういうとき、オール人力稲作は悲惨である。こちらがお願いした関係だから、ヨーコは堂々とパソコン部屋に籠もっている。つまりは、ぼく一人が田んぼに入って日が暮れるまで鍬を振るうしかない。せいぜい、

「田んぼを手伝えとは言わないけど、ジュースぐらい持ってきたらどうか」

と文句を言って、フンという顔をされるだけである。夕方になると、泥まみれの恰好でふらふらと船曳場に行き、海産物の仕入れ交渉をする。

「ヒデさん、明日の朝、サザエを取りに来るから、魚屋には出さないでおいて。何時がいい？」

「その様子じゃあ、朝は起きられないっぺ。いいよ、活けておいてやるから」

と、かえって同情されたほどだ。

＊

その田起こしも一段落した3月末の夕方、犬を連れてふらっと船曳場に行くと、マサズミさんが一人いた。

マサズミさんは電話局に勤めていたが、おととし、定年を待たずに退職したと思ったら、船を新造して敢然と漁師になってしまった人である。沖の島に網を掛けてイセエビやサザエを獲る小漁師の一人になったのだ。

今まではヒラット（香漁港に隣接する磯）の西側の浜に船を曳いていたが、漁民組合が喜久丸の台船置場だった浜を整備して船曳場にしたので、つい先日、コンクリートを打ったばかりの新しい曳場に船をもってきていた。

本正丸というその船は、グラスファイバー製の伝馬船で、長さ6メートル、幅2メートル、約半トンといったところか。20馬力の船外機が付いている。

ぼくは犬を杭につないで、本正丸をしげしげと眺めた。

「これ、山海丸と同じ型で造ったんだっぺ？」

「そう、網代造船でね」

内側の水色の塗料もまだ鮮やかな新品同様だ。白い外板の艫には、漁船を示すCBナンバー（CBは千葉県を示す記号）のプレートが貼ってある。

「わぁ、波よけ板も付けたんだ」

刺網は船をゴッサン（後進）させながら網を落とすから、カンベ丸のヒデさんは背中に波をかぶらないように木の板を立てかけていた。その仕掛をマサズミさんが拝借して、船を造る段階から設計に織り込んで網代造船に発注したのだ。運転席の背中にL字型の板を差し込むようになっている。

「オレも造るなら、これと全く同じのにしよう。全部で幾らかかった？」

「80万」

「80万か。車を考えたら安いもんだよね。山海丸だって20年くらい保っているのだから」

自分の船を造ろう、造らなければ。その考えは、去年漁業権を手に入れたときから、ずっと頭の隅にあった。

これまで、ぼくの船は山海丸だった。親方だった巳之助さんが漁師をやめてから20年近く、この船を自分のもののように自由に使ってきた。しかし、やっと念願の漁業権を取得して、いよいよ本格的な漁師を目指すからには、これではいかんだろう。何から何まで一から自分で始めなければホンモノとは言えまい。幸いなことに、最大のネックだった船曳場も出来たことだ。今こそチャンスなんだ。

マサズミさんの船を見て、いよいよその気になった。田植えを終え、浜の口開けでサザエ、アワビをある程度確保した5月の初め、浜田の網代造船に行った。

浜田は、香・塩見・浜田……と西に続く旧西岬村の一部落で、香の何倍も広い砂浜を持っている。この広い砂浜は、ヒガンフグの恰好の産卵場所なので、春の彼岸前後、大潮の満潮の夜には、大勢のフグ好きがタモとカンテラを手に集まってくる、まあ、一種の漁場でもある。

この浜の西の外れに堤防があって、以前は、ちょっとした波も簡単にかぶるような粗末な堤防だったが、今は頑丈な大堤防になっている。現在も工事中で、将来はここを大規模な漁港にして、西岬中の漁船が集まる魚市場にするのだそうだ。

網代造船は、その堤防の手前にあるスレート屋根の平屋建。小学校の体育館ぐらいある広い室内でグラスファイバーの船を造っており、浜にはいろんな船が引かれ、新船や廃船があっちこっちに置かれている。手漕ぎボートも20杯以上あるのではないか。西岬で釣りのボートを貸しているのは、ここだけなのだ。

「今、船を回しているところなので、ちょっと待ってください」

青いツナギを着たおばさん従業員が、手をかざして海のほうを見る。

「あ、あすこです」

「名前、何ていったっけ?」

「シゲキです」

シゲキは鉤の手になった堤防の向う側で、釣船のような船に乗ってエンジンをかけ、こちらの浜に走らせてきた。若い男がそれにロープをかけ、手にしたボックスのボタンを押す。リモートの電動ウインチだ。それを見ていると、シゲキが浜から上がってきた。

「こんにちは。船を注文したいんだけど」

帽子の下の陽に焼けた顔が妙にゆるんで、フフと笑う。

「船を注文ねえ……」

出会い頭にいきなり、タバコでも注文するみたいに船を注文したので、ビックリしたのだろう。

「船、持っているんじゃなかったっけ？」

「あれは山海の。借りていたんだよ」

「借りてたのか」

「オレも去年、漁業権が取れたんで……」

「うん、聞いてる」

「そろそろ独立しようと思ってね。コウヤツの本正丸と全く同じに造ってもらいたいんだ」

「ああ、あれね」

「運転席の波よけ板も付けてね」

「オモテの高さはどうする？　高いのにする、低いのにする？」

「ええ？　あの船の原型はカンベ丸で、みんな同じだって聞いたけど」

「本正丸はちょっと低いんだよ」

「高いと、どうなの」

「波を切れるっていうことかな」

「どっちでもいいや」

「で、エンジンは？」

「えー？　造る前から決めておくのかい？」

「脚の長さがあるからね」

幸い、返事は用意できていた。

「カンベのヒデさんが使っていた20馬力を譲ってもらうことになっているんだ」

ヒデさんは去年だかおとことしだかに、こんなに大きなエンジンはいらないと、10馬力のに代えていた。ぼくが、

「今に船を造るからな」

と冗談半分に言うと、

「そのときは、そこにある古いのを譲ってやるよ」

と、やはり冗談みたいに笑って、船曳場のコンテナを顎《あご》でしゃくったのだ。その冗談半分が実った。

「カンベさんのエンジンなら、わかる。オレが計りに行ってもいいや」

「で、値段は本正丸と同じ80万で出来る?」

シゲキは頭の中で計算機をたたくような顔をしてから、

「消費税は別ね」

と言った。

「船の名前は何にする?」

「ハヤブサ丸」

花魚販売を始めるときにパソコンで作った名刺を出した。

「ああ、名前をそのままね」

「いつから始める？」

「すぐに始められるよ」

「で、いつごろまでに出来る？」

「6月いっぱいぐらいかな」

「じゃ、夏に間に合う」

「船体を張ったら連絡するよ。漁船登録をしなけりゃいけないから、住民票とかエンジンの書類とか、要るんだ」

コウヤツの浜に行くと、ヒデさんが網を掛けて戻ってきたところだった。

「船を頼んできた」

「名前はなんにした？」

「ハヤブサ丸」

「ハヤブサ丸？　おめえ、それじゃあペンポコ走っちゃいられないな、笑われちゃうよ、ハヤブサじゃあな」

確かに、ぼくもこの名前には、いささか疑問を感じていた。万事ノロマのぼくには、似つかわしくない。かといって、岩丸では変だし、船の名前には娘の名前の一字を使うのがいいと言われているけど、岩夏丸ではもっと変だろう。仕方なく選んだ名前なのだ。

「そうだ、あの20馬力のエンジン、使わせてもらうよ」

「ああ、そうかい」

「ヒデさんの10馬力に比べたら、少しはハヤブサになるっぺ」

＊

1カ月くらいして、船体を張ったと連絡があったので、網代造船に行ったら、
と、思わず声を上げてしまった。工場の真ん中に、ほとんど完成した隼丸が置いてあるではないか。白い船体に青い縁取り、内側は水色。先端から1メートルくらいの脇腹に「隼丸」と黒くくっきり書かれている。

「ヴァウー！」

「じゃあ、40万。残りは引渡しのときね」

「はい、確かに」

シゲキは札を勘定してから、工場の隣にある事務所で領収書を書いて戻ってきた。

「住民票、こっちにあるよね」

「もちろん」

シゲキに言われるままに、住民票やエンジンの規格書類、ナンバープレートの料金なんかを西岬漁業組合に提出し、あとは船の完成と漁船登録のナンバーがおりるのを待つだけになるはずだったが、実は、ぼくの場合は、その前に解決しておかなければならない問題が山積していた。

船曳場だ。自動車でいえば駐車場だが、船はクルマと違って、空地があればどこにでも停めておけるというものではない。それなりの仕掛けが必要である。定置網漁の20トンクラスの船は堤

防に係留するが、1トンに満たない小漁師の船は、昔ながらに海岸のスロープの上を引っ張り上げて保管している。それが船曳場で、船曳場には最低、シラ（修羅）と巻揚機とワイヤロープが要る。まずはその機械を揃えなければならない。

船の枕木であるシラは、最近は、半永久的に保つプラスチック製のものも出回っているが、このへんの漁師が昔から使っていたのは、木である。ゲタを履かせた6尺ぐらいの木に、日々、油を塗って、船を上げ下ろしするのだ。油は、家で出る天ぷら油。このごろは、民宿や保養所で大量の廃油が出るので、それをもらって使っている。ただし、天ぷら油だけだと、カラスが舐めにきて油の缶を引っくり返したりするので、エンジンオイルを少し混ぜるようにしている。

木はカシ（樫）やトウジ（トウジイ＝マテバ椎）を使うのが普通だが、大工のイサオに頼んでも、材木屋に置いてないという。トウジなんて、房州にはいくらでも生えている木で、ドラム缶ストーブの薪に使っているくらいなのに、いざとなると無いのだ。

もう一つ、もっと困ったのは、船を曳く機械、ウインチだ。山海丸の軽油ウインチから滑車《かっしゃ》でワイヤを回しても、20メートルは足りない。それに、砂地にどうやって固定点を確保するかも難問だった。

考えていてもしょうがないので、とにかく穴を掘った。シラを上がってくる船の芯に合わせて穴を掘り、何か重いものを埋めれば固定点になる。

シャベル一本で宛のない作業をしていたら、浜の男たちの好意で、両方の悩みが一挙に解決することになった。

穴掘り作業に疲れて一服しているところに、ふらっと来たのはマサズミさんである。

「シラはどうするの？」

「イサオに頼んでいるんだけど、カシが市場に出ないっていうんだ。本当はトウジがいいんだけどね」

「トウジなら、うちにあるよ」

「ええっ？」

「いっぱいあるよ。裏の土地を造成するとき、トウジを伐ったんで、１５０センチの長さで切りそろえておいたんだ」

「じゃあ、それ譲ってよ」

「いいよ、やるよ」

マサズミさんの家の裏に立てかけてあった直径20センチほどのを10本もらって、イサオに足を付けてもらった。

ウインチはデーミ（伝右エ門）丸のクマキチさんだった。もう70歳をとっくに過ぎているのに、田んぼ、畑、海と飽きることなく駆け回っている疲れ知らずの働き者である。

この日も、バイクの荷台にバケツを積んで浜にやってきた。

「イカ、行くんですか？」

9月10月はガマグチでカワハギを獲るのが得意なクマキチさんだが、田んぼが忙しいこの季節には、たまに海に出てアオリイカを釣るのを楽しみにしているのだ。

「うーん、吹いてきたので、どうしようかと思ってね」

すぐに船を出すでもなく、ぼくが穴を掘るのを見物している。

「船は、何で引くのかい」

「それが、まだ考えてないんですよ。山海のウインチじゃ届かないし……」

「うちにカグラがあるよ」

「ええっ？　あの木製でぐるぐる回すロクロでしょ？」

「うん、一回使っただけで、納屋にしまってあるんだ」

「いいなあ」

「使うんなら、やるよ」

「ええっ？　じゃあ譲ってください」

「いいよ。あげるから使いなよ。そのうち博物館にでも寄付しようかと思って、しまっておいたんだよ。今から見にくるかい」

クマキチさんの家は田んぼの向うの山裾にある。こないだも田んぼに車を落としたばかりのぼくが、狭い道をそろりそろり走らせて行くと、クマキチさんが母屋の裏の納屋から出していてくれた。木枠を斜めの角材で支えている構造。天板が半円形に削られ、底板に穴が開いている。そこに心棒を差してワイヤを巻くのだ。防腐剤がしっかり塗ってあり、新品同様だ。

浜に持って帰って、砂の上に組み立ててみた。潮風にさらしておくのがもったいないくらいの風格だ。

「いいなあ、これで船曳場らしくなったじゃないか」

あとは、地中に埋めた材木にそれを縛りつければいいのだ。

足踏脱穀機についで、期せずして人力の巻揚機《まきあげき》を使うことになったのだ。

＊

隼丸の引渡しは7月の初め、夏らしい暑い日だった。

とシゲキに言いに行くと、船は前の砂浜に置いてあった。

「今日、船をとりにくるから」

「何時ごろ来る？」

「満潮が2時だから、そのころ」

「ダメだ。3時まで用事があるんだ」

「じゃあ、3時でいいよ」

「お目出たい日には言えない用事でね、フフフ」

「なんだ、葬式か。それはそうと、船おろしには何を用意したらいい？　前に菊地丸をおろしたときには、大漁旗や日の丸を立てたけど」

「やりだしたらキリがないんでね。米と塩と酒があればいいよ。米と塩は、こっちで用意しておくから、酒を持ってきてよ。船に撒《ま》くだけだから、ワンカップでいい」

「香の海に行くと、浅間神社と沖の島の弁天様の前を3回まわって酒を撒くんだけどな」

「じゃあ、一升瓶がいいや」

「あれで回るときは、葬式のときに墓場で回るのと同じ向きでいいのかな」

「違うよ、反対だよ」

「てえーと、反時計回りだな」

＊

南風が少し吹いているが、陽射しは強く、水平線に入道雲の見える七月の午後である。

ヨーコとエンジン屋のナオキに応援を頼んだ。ナオキが作業場で調整しておいてくれたエンジンを車に積んで網代造船に行くと、シゲキと三、四人の従業員が工場の前の木陰で3時の一服をしていた。

「さあー、船おろしだ」

「いろいろお世話になりました」

「お目出とうございます」

シゲキとヨーコが笑いながら挨拶を交わす。

「船は出しておいたからね」

すぐに進水できるように、水際に近い砂浜のシラの上に置いてあった。

ナオキがエンジンを据え付け、シゲキが船の舳先《へさき》に米と塩を盛ると、ぼくが一升瓶を持って船に乗った。

「奥さんも乗ったら」

瓶の口を指で半分ふさいで、

「航海安全、大漁、頼みますよ」

とオモテから艫《とも》へ酒を振り撒いていく。

「エンジンにも掛けてやってよ」

「大漁、お願いしますよ」

豊かな陽射しで海も砂浜も輝いているが、夏休み前のウィークデーなので見物人がいないのが残念だ。

「さあ、乾杯だ」

「あ、コップを持ってこなかった」

ヨーコが事務所から湯飲茶碗を借りてきて乾杯した。ヨーコ、シゲキ、ナオキと従業員の一人。

「お目出とうございます」

「お目出とうございます」

シラを二、三回入れ換えて船を浮かべると、ぼくとヨーコとナオキの3人が乗った。ナオキがエンジンを引くと、一発だ。

「おお、調子がいいな」

ブイン、ブインと空回しさせてから、機関係のナオキを近くの堤防で降ろして、いよいよ初船出だ。

「ありがとうございましたあー」

「ありがとうございましたあー」

シゲキが作っておいてくれた舵《かじ》の延長棒をつないで、立ったまま操縦する。

振り返ると、浜ではシゲキがいつまでも見送っている。新造船を何杯送りだしたか知らないが、自分の造った船が海に滑り出していくときは、やはり、いつでも感慨深いものがあるのだろうな、と思った。

海は気持いい程度に波立ち、午後の陽射しで沖の島も大房岬も輝いている。

「やっぱり海の上は気持いいな」

「そうね」

「遠回りして行こう」

沖に出て、塩見の浜を遠目に見ながら、ゆっくり香の浜に近づいてゆく。

海上には、どういうわけか、一杯の船も見えない。いつもならアオリイカ漁をやっているカンベ丸と菊地丸の姿もない。漁村は眠っているみたいだ。

浅間神社の浜の鳥居の前で、左手で舵を切りながら、右手で酒を撒く。

「大漁、お願いします」

沖の島の弁天様。

「サザエ、アワビが獲れますように」

那古の観音様は遠いので、いつも潜っているあたりから、崖の中腹の緋色の社殿を遠望しながら、ヨーコが酒を撒いた。

「何も言わないのか」

「心の中でお祈りしたもん」

7月14、15日は香の祭礼なので、船おろしを祝う会は20日の海の日にやった。

組合長のナカハマをはじめとする漁民組合の役員と、カンベ丸のヒデさん、菊地丸のマサル、藤平丸のキミオさん、デーミ丸のクマキチさん、本正丸のマサズミさん、それにイサオやノリ、ナオキの飲み仲間なんか十数人を塩見の民宿「たろべ」に招待しての宴会である。乾杯の音頭は、ぼくのコウヤツでの漁師の本家にあたる山海丸のヤスヒロにやってもらった。

飲み食いが進むとカラオケになったが、

「今日は船おろしだから」

と、みんなは『おやじの海』だとか『祝い船』なんか、海の歌だけをうたって祝ってくれた。

⑯――房州ショッピングモール

船を新造するのと符節を合わせたかのように、インターネットのほうでも、また新たな展開があった。

5月に浜の口が開くと、「房州西岬の花・魚販売」には、そのことを予告していたので、サザエとアワビの注文がどっと来た。解禁前はヒデさんの網に頼っていたが、今度は自分たちで潜って獲って、沖に活けたり、茹《ゆ》でたり、冷凍したりして荷造りして発送するのである。ノリとヨーコとぼくの3人で、この全作業をこなさなければならない。まあ、そのことはある程度覚悟していたので、秤や活け籠も買いそろえ、

「活けアワビ300グラム3枚、ハイ」

「サザエの活けが1キロ4セット、茹で1キロが2セット」

「酒茹でアワビが2枚ね。目方は?」

という具合に何とかこなしていたが、そこでノリが、さらにレベルアップした夢を語りだしたのだ。

「ショッピングモールをやろうよ」

正直いうと、それまでぼくは〝モール〟という言葉の正確な意味を知らなかった。モールと聞くと、つい〝金モール、銀モール〟を連想していたのだ。辞書を見たら〝遊歩道、商店街〟と出ている。

「ハハン、楽天市場《らくてんいちば》だな」

ちょうど、楽天市場の社長が若いのに億万長者になったとか騒がれていたときである。その話を新聞か雑誌で読んだノリが、クラクラっときて、バラ色の夢を紡ぎ始めたのだろう。

「要するに、インターネットに店屋のホームページを並べるってことか？」

「店屋だけじゃなくて、民宿や釣り船だって出せるっぺ。そんな全国的なものでなくても、房州だけで相当集まると思うよ。地域の特色を出してさ」

ノリが語るのは夢だけだから、実務面はヨーコの知恵を借りるしかない。

「楽天市場なんかは、どういう仕組みになっているんだい？」

「出店するだけで月額5万円だと思ったけど……」

「出店といっても、ホームページを出すわけだろ？　それは誰が作るんだい？」

「さあ、詳しいことは知らないけど、普通、ホームページを業者に頼むと、10万とか20万かかるわね」

「ヒーッ、そんなに取るんかい。10軒集めれば100万になる」

「アホさ。何軒集めたって、作るのはヨーコ一人じゃないか」

「私のワザじゃあ、10万なんか取れないわよ」

「仮に、治郎兵衛商店がそのモールに出店するとすると、まずホームページを作ってやって、その料金をもらうだろ。その上で出店料も取るのかい？　ショバ代ってことか？」

「だって、季節によって内容を更新したり、お客が逃げないようにメールを出したりしなければならないでしょ。管理料よ」

「ふーん。それで、もしも、このモールを通して治郎兵衛商店の品物が売れたとすると、歩合ももらうのかい？　たとえば１０００円の品物が売れたら１００円もらうとか」

「それは業者によって違うんじゃないかな、取るとこと、取らないとこと」

「ま、よく判らないけど、始めるとなると、ホームページの中身はまたオレが書くんだろ」

説明を聞いても、ぼくにはこのネット商店街という金儲けの仕組みがよく判らなかったのだけど、ノリとヨーコが話し合って、ホームページ制作で３万円、あとは月に１５００円をもらうという料金を設定した。

ノリはこの新事業に、よほど期するところがあったみたいだ。同じ言い出しっぺでも、今までとは入れ込み方が違う。

「名前は何にしようか」

「単純明快に〝房州ショッピングモール〟でいいんじゃないか」

「よし、営業するぞ」

話が持ち上がってまだ３日、ヨーコがトップページの試作を始めたばかりで、細かい部分は何も決まっていないのに、やけに張り切っちゃって、ジタバタし始めたのだ。

ゴールデンウィークの初日。ぼくがまだ寝床にいる間に、いつもはトレーナーと草履《ぞうり》で軽トラを運転しているのに、ブレザーなんか着込んで親父のクラウンに乗ってうちに来ると、ヨーコを前にセールストークの練習までして町に飛び出していったそうだ。

「営業するって、当てはあるのかい?」

「さあ」

「オレは今日、浜仕事だからな」

「モールの規約書を作らなきゃならないのよ」

「そんなゴチャゴチャしたことは後にして、大枠《おおわく》を作るのが先じゃあないのか」

「ゴチャゴチャって言うけど、そっちのほうが大事なのよ。花魚販売より、もっと大がかりになるのだから」

「わかった、わかった」

ノリは夕方6時ごろ戻ってきた。波左間《はさま》の海底観光船、千倉《ちくら》の干物屋、館山の団扇《うちわ》製造、富浦のビワ農家など10軒ぐらいを回ったそうで、どれも〝飛び込み〟だったというから立派だが、で、成約はゼロ。そんなに甘くはないと、先駆者の苦労を味わったみたいだ。

「みんなパソコンを持ってないんでね、こっちの言ってることがよく判らないみたいなんだ」

しかし、先駆者であるノリの夢にまたもや乗ったのが、市役所広報室のチカシだった。連休明けに、ぼくが〈十七歳少年のバスジャック事件〉という記事を書いて帰ってきたら、朝日新聞千

葉版で、
〈ネットに「房州商店街」
館山・香のミニ地域紙
直販好評　拡大し出店者募集〉
と大きく取り上げられていたのだ。
「表紙だけでも立ち上げなければ」
とヨーコが慌てた。
「話題先行だよなあ」
結局、顧客の第1号は、ぼくが口説いて大工のイサオになってもらった。『勲工務店』と銘打って、表紙には、
〈房州大工の伝統を守る練達の棟梁《とうりょう》です。木造建築ならどんな種類の建物でも、施主《せしゅ》のご希望に沿って誠実・堅牢に美しく施工します〉
〈アフターサービスにも心を尽くしています。台風や地震のあとには必ず、自分の手がけた建築物を全部回って点検・補修するので、「頼れる大工さん」と評判です〉
〈土地などの物件情報を豊富に持っています。仕事柄ばかりではなく、西岬育ちで西岬地区に広い人脈を持っているので、不動産屋に知られていない土地情報にも通じています。特に別荘をお求めの方には「建売じゃダメ。狭くて別荘生活を楽しめない。田や畑を広く買って建てるのが賢明だ」というのがモットーです〉

などとコピーを掲げ、作業場で角材に墨を打っている写真を飾った。男前だがちょっと腹の出てきたイサオが精一杯腹をへこまして凛々《りり》しく写っている。

写真と文章で中身を作るのも、もちろん、ぼくの役目である。イサオが手掛けた別荘や民宿、一般住宅の写真を撮って回ったが、スナップ写真ではないからアングルや画角にも気を遣う。特に建物というやつは適切なアングルを確保するのが難く、脚立《きゃたつ》に乗ったり遠くの高台に登ったりしたし、浜田に建てた有名女性作詞家の別荘では、天井に張り付いて室内写真を撮ったりもした。

これは〈勲工務店の建築例〉というページに載せるためのものだが、〈物件情報〉というページもあるので、海が見えるその売地の写真を撮って、地図も添えなければならない。パソコンで地図を描くソフトも技もなかったから手書きで間に合わせた。これらのほかに〈お問い合わせ〉〈掲示板〉などというページをヨーコが作って〝アップ〟するわけだが、それがスンナリいかない。

「ちょっと待ってよ、何のカテゴリーに入れればいいの?」

「カテゴリー? 何だそれ」

「モールの中で〝食事〟とか〝宿〟とか、分野があるでしょ」

「目次か」

「目次はインデックス。勲工務店の中の〈建築例〉や〈物件情報〉なんかが目次になるんでしょ」

「わかった、わかった。とにかく、オレの下書き原稿で表紙を作ってみろよ」

「こんな感じ？」

「駄目だよ、そんなダサいの。文字は白抜きに出来ないのか」

「出来るけど」

「ベースは背景と同じコルク色にして。それで、文字を左に並べて、写真を右に」

「えーっ、それって、難しいのよね」

ぼくが雑誌をレイアウトする感覚で指示を出せば、ヨーコはホームページ作りの掟に縛《しば》られて画面を操作するから、イザコザが絶えないのだ。

二番目の客は「多津味」の飲み仲間のヤスカズに引き受けてもらった。坂田《ばんだ》で「寿々喜荘《すずき》」という大きな民宿を経営しているのだ。民宿の場合は、近場の海水浴場や観光施設も紹介しなければならないから、観光案内所に行ってパンフレットを集めたし、国道からの地図も欠かせない。ぼくが使っているワープロのＯＡＳＹＳに地図を作る機能が付いているのを発見したので、手書きよりはいくらか見栄えのする地図を添えられるようになった。

「〈宿〉が出来たから、次は〈食事〉ね」

「そりゃ、まず多津味だっぺよ」

ぼくらの溜り場である食事処「多津味」は、東京の料理屋で長年修業してきたマスターの金子さんが、新鮮な地魚を使って料理を出しているから観光客の評判もよく、ぜひとも紹介したい店である。

〈村々に漁港があって、豊かな海の幸に恵まれた、房州館山の西岬（にしざき）地区。この魚の

本場で「魚料理ならここだ」と定評をいただいているのが「多津味」です〉

タイトルには、暖簾《のれん》の写真をそのまま張りつけ、香海岸から見える夕焼け富士の写真を配したりして工夫を凝らして、〈御献立〉のページでは、いかにも美味そうな写真を添えて6品を紹介した。

焼魚定食（イサキ）

煮魚定食（カワハギ）

さんが定食

サザエ壷焼

潮騒定食（カツオ・ブダイ・ムツの刺身、サザエ壷焼、さんが焼き、天ぷら、香物、御飯、味噌汁、フルーツ）

刺身盛合せ（アワビ、サザエ、ムツ、ブダイ、ショゴ〔カンパチの幼魚〕、イサキ）

だが、これだけではただのパンフレットになってしまうので、〈店主・金子健一が旬を料理する〉というコーナーを設け、旬のアジを使った房州の郷土料理「ナメロ」の調理実演を連続写真で紹介することにした。客のいない午後に行なった撮影には、ノリやチカシやヤマちゃんのほか、モールに関係ない仲間までやってきて賑やかな飲み会になってしまった。

「撮影に使った料理はどうしようか」

「どうぞ、自分たちで食べてよ」

「なんだか申し訳ないなあ」

「じゃあ、その分、制作料を値引きすることにしよう」

この多津味のホームページは、ヨーコのメール友達に制作してもらった。ヘルムート・バーガーのファンの奈良の女性で、パソコン操作にも長《た》けているらしい。原稿と写真をメールで送ると、半月ほどで完成したものを送り返してきた。

「わあッ、凄いワザ使ってる！」

夕焼け富士を楕円形の枠に納めたりして、センスのいい仕上りになっていたが、パソコン使いから見ても、相当な芸域に達しているものらしい。

とにかく、ぼくは他人のホームページなんかに興味がなくて覗いたことは滅多にないし、ほかのモールを見たこともないから、構成はヨーコのいいなりである。

「〈伝統工芸品〉のカテゴリーが欲しいわね。地域のモールだから、ここでしか出来ない物を看板にしたほうがいいんじゃない？　それがあると、重みが違うもの」

「特産品とは別個にか？」

「そう。輪島だったら漆細工だとか、東北だったらこけしだとか、そういったもの……」

「うーん……房州団扇はノリが断られたしなあ……。じゃあ、唐桟織《とうざんおり》だな」

唐桟織というのは、細かい縦縞の木綿の織物である。インドのサントメ地方の原産で、安土桃山時代に日本に伝来し、渋くて粋な縞《しま》模様が江戸の文化・文政期に大流行したのだという。〝サントメ縞《しま》〟と呼ばれていたが、それに舶来物の〝唐〟がついて〝唐サントメ〟〝唐桟〟になったらしい。明治以降も博多、西陣、堺、川越などで織られていたが、だんだんに廃《すた》れて、植物染料を使って手で織る昔ながらの技法を伝承しているのは、今では館山だけだと言われている。

市内北条の長須賀で、四代前の曾祖父の代から織りつづけている斉藤家がその織元である。先々代も先代も、千葉県の無形文化財に選定された名門だが、作業場は生け垣に囲まれた、ごく普通の平屋の住宅で、当主の斉藤裕司さんもとても気さくな人なので、前にも一度見学させてもらったことがあった。それで今回も、お願いすることにしたのだ。

ノリ、ヨーコと3人で斉藤家を訪問したのは、網代造船に船を注文した10日後のことだったが、この訪問の前、上京した際に、思い切ってデジタルカメラを買った。4年前の10倍、300万画素のオリンパスのカメディアという機種で、メモリーカードや読み取りソフトなんかを含めると13万円近くかかったけれど、インターネット・モールには、紙焼の写真よりも格段に便利なので奮発したのだ。

染色工芸家の女子美大学長のもとで修業してきたという四代目の裕司さんは、まだ四十そこそこだろう。広くもない織場にぼくらを迎え入れてくれると、まず、染料のサンプルと、それで染めた糸の束をひとつひとつ出してきて丁寧に説明してくれる。

藍《あい》、山桃の木の皮、榛《はん》の実、ビンロージュ、カテキュー、五倍子……。

「五倍子はキブシとも呼ばれます。ウルシやヌルデの木の葉に付く虫が作った瘤《こぶ》を乾燥させたものです」

「へえ、虫も役に立っているんだ」

「これは、サボテンやミカンの木に付くカイガラムシの仲間です」

「え？　虫そのものが染料になるの？」

「ピンク色はこれで出します。昔は高級和菓子のピンク色も、これを使っていたのですよ。最近は化学着色料の評判が悪くなってきたので、また使われるようになりました。だから値段が高くなってきました。ファイブミニも、これを使っているのですよ」

「へーっ！」

土間には、藍で染めている最中の瓶が二つ埋まっている。藍は、染め具合によって微妙な色合いの違いがあり、斉藤さんは染の薄い順に糸束を並べて、それぞれに、瓶のぞき、水浅葱《みずあさぎ》、浅葱、お納戸《なんど》、紺、上紺という名前がつけられていると教えてくれた。

糸を染めるだけでこんなに奥の深い世界があるのかとぼくは感嘆して、写真を撮りまくった。周りには、様々な色の糸を巻いた四角い糸巻が何十本とあり、その向うの織機で、斉藤さんは織っていく作業の実演までしてくれる。

そして次は製品。反物のほか、袋物では眼鏡入れ、札入れ、ポーチ、お手玉袋、テーブルセンター、ネクタイなどが何種類もある。それぞれから幾点かを選んで、いろんな配列で写真を撮ったので、撮影枚数も膨大になり、16メガバイトのメモリーを入れたデジタルカメラがさっそく威力を発揮した。

取材時間も2時間を超えたのに、斉藤さんは最後まで誠実に付き合ってくれたばかりか、帰りしなには、ぼくら3人に札入れやポーチなど、お土産まで持たせてくれたのだ。ぼくらは感激した。お土産をもらったからではなく、斉藤さんの誠実さと伝統技術の奥深さ、そして作品の素晴らしさに心を動かされたのだ。

だから、ホームページの制作にも特に力が入った。ヨーコは土産にもらったポーチの縞柄をスキャンして背景に使い、トップページは画像処理が上達したナツミの力を借りた。歌麿の美人画の輪郭に、唐桟織の柄をはめ込んだのだ。また、斉藤さんの作品は銀座8丁目の民芸品店「たくみ」にも置いてあるというので、ぼくが出掛けていってその写真を撮ってきた。その結果、〈館山の唐桟織〉〈染料の種類と染めあがり〉〈製品のご案内〉の3コーナーに21点の写真を配するという重厚な出来上りになったのだ。

そうこうしているうちに、朝日新聞千葉版や房日新聞に出た記事の反響で、このモールに出店したいという申込みも幾つか来た。香の東1キロの笠名地区にあるミニスーパー「岡崎屋」。房州特産のビワや夏ミカンを販売したいという。館山駅の近くにある寿司屋「白濱屋」。長狭米を使った大握りが売り物だという。館山市内に広大な落花生畑を3つ持つ「木村ピーナッツ」。千葉県は国産落花生の70％を生産しており、館山も八街《やちまた》とならんで名産地なのである。国道128号線沿いにある蕎麦屋「丸長」は、アナゴやキス、メゴチを家庭用惣菜として販売したいという。館山市の東隣の丸山町で1万5000羽の鶏を飼う「大澤養鶏」。箸でつまめるほど活力がある黄身が自慢だそうだ。

「勲工務店」から始まって十数軒の取材と原稿作り。この一カ月間は本業の週刊誌記者よりもはるかに仕事をしたし、商品撮影の背景用にいろんな色のテーブルクロスを買ったり、パソコンを持っていない顧客にモールの試作品を見せるためのノートパソコンまで買ったので、投資もバカ

南房総の情報が集まったインターネット商店街
「房州 Shopping mall」のホームページ
http://www.awa.or.jp/home/boshu

にならなかった。
かくして出来上ったインターネット房州商店街――
〈伝統工芸品〉唐桟織
〈特産品〉岡崎屋、木村ピーナッツ、大澤養鶏、丸長
〈宿〉寿々喜荘、香の民宿
〈食〉多津味、白濱寿司
〈観光とレジャー〉観光定置網やまと丸、釣り船保坂丸
〈家・土地〉勲工務店
ヨーコが言う〝カテゴリー〟をそれぞれ何とか埋めることが出来たので、6月半ばに正式に立ち上げた。
このモールを立ち上げた翌日、網代造船に行くと、工場の中で隼丸が9割方出来上がっていたのだから、隼丸と房州ショッピングモールは、製作時期がほぼ同じということになる。

⑰——隼丸の初漁と4台のパソコン

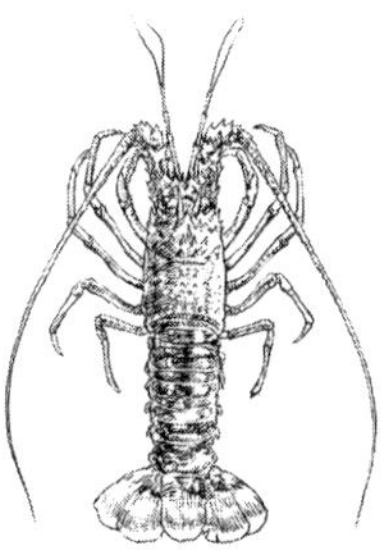
イセエビ

この年は、とびきり暑い夏だった。

週刊誌の仕事で東京に行くときでも、電車の乗換だけで汗まみれになり、会社に着くとすぐに下着のシャツを着替えなければならない日々。会社に着いても、一歩外に出ると道は熱でむせかえっている。

「なんで、そんなにゆっくり歩いているんですか？」

「速く歩くと汗が出るからさ」

〈この夏の東京の真夏日は67日で、気象庁125年の観測史上最高の「暑く長い夏」になった〉

と新聞もウンザリしたように報じたほどの特異な年だった。

いつもなら、都会の勤め人にとっては耐えがたいこんな猛暑も、海辺の生活が主体のぼくとしては、むしろ歓迎すべき気象条件のはずなのだが、今年はちょっと違った。ショッピングモール制作という取材記者のような時間からやっと開放されて、いよいよ盛夏。海を楽しむには暑ければ暑いほど意気が上がるというものだが、今年はそういうわけにはいかなかったのだ。

浜には毎日のように出たけれど、海を楽しむ余裕なんかなく、炎天下の浜辺で蟻のようにシコシコ働いていた。というのも、隼丸の船おろしは済ませたものの、船を曳く態勢がまだ整っていなかったのだ。

巻揚機はクマキチさんがくれた人力のカグラがあったが、まだ据え付けてなかったし、ワイヤも巻いてない。シラはマサズミさんからもらったトウジの木で作ったけど、コンクリートの部分には別のシラを固定しなければならないし、曳いた船を縛るロープなどの仕掛も用意しなければならない。それに、隼丸を曳く新しい船曳場はまだコンクリート打ちの工事が終ってなかった。

ひょいと船を出して颯爽《さっそう》と網を掛けに行く漁師の雄姿は、当分お預け。隼丸は、とりあえず隣の浜に置かせてもらって、いつになく輝かしい夏の陽射のもと、ささやかなインフラ整備にいそしむハメになったのである。

「せっかく船を造ったのに、まだ使ってないのか」

「どうせ7月は使えないのだから、のんびりやるよ」

6月7月はイセエビとサザエの産卵の時期なので、潜り漁も刺網も禁漁なのだ。

「まずウインチを据えなけりゃね」

防腐剤を塗り直して家に保管してあった木製のカグラを浜に据えて、砂の中に埋めた廃船のマストに縛った。マストは地下2メートルに埋めてあったから、掘り出すだけで半日仕事だ。船の固定ロープもコンクリート塊に縛って1メートルの地下に埋めた。

8月に入るとコンクリート工事が始まったが、工事をするのは夫婦二人でやっている小さな土建屋だから、パートのじいさま作業員やミキサー車の運転手たちに混じって手伝う。コンクリートが固まったらドリルで穴を開けてシラを据える。

浜でじっとしているだけでも頭がゆだるほどの炎暑だ。Tシャツ、短パン、田んぼ足袋というギリギリの軽装で、海に飛び込んでひと泳ぎしては番屋の水道に口をつけてガブガブ飲みまくった。飛び込んだらクラゲの群れの真ん中だった、なんてこともあった。アンドンクラゲだからチクッとするだけで大したことはないが、気分のいいものではない。

「おい、8月だぞ。潜りに行かないのか」

「それを言わないでくらっしゃい」

船曳場の整備が終っても、錨や竿や鉤棒、タモ網などの船の備品も用意しなければならない。錨はヒデさんにもらった。竿と鉤棒は、去年の秋、山から切ってきた杉の木で作った。タモ網はテグス網を買ってきて自分でこしらえたが、サンタクロースの帽子みたいな形に出来上ってみんなに笑われた。モク取りのときに使う竹竿は、モンゼミのミカン山の薮から切り出してきた。

＊

本業である週刊誌の仕事では、毎週末に上京して、〈キムタクと工藤静香の結婚〉〈二子山部屋のお家騒動〉なんていうワイド記事を書いていたが、うまい具合に夏休みになったので、さらに2週休みをもらって漁業に専念することにした。

隼丸を隣の浜から回してきて、完成した船曳場のスロープにカグラで引いたのは、8月のお盆のときだった。カグラの心棒の円周は60センチぐらいだから、半径1メートルぐらいの横棒を押

して1周しても60センチしか引けない計算になる。波打ち際から上まで引き上げるのに15分くらいかかった。漁師仲間が、

「今どき珍しいって、新聞に載るぞ」

なんて冗談を言いながら見物していた。

初漁は翌日の15日。昔から、

「お盆に海に入ると聖霊さまに足を引っ張られる」

と言い伝えられているけれど、初漁は潜りだった。波も風もなく、潮が澄んでいて絶好の潜り日和だ。ナオキなんかの常連のほかに盆休みの帰省客もたくさん船を出しているので、素人でも判る沖の島の根は避け、山を見る（位置を見定める）のが難しい深い根にヨーコと潜った。

「底まで届くか、試しに潜ってごらん」

とヨーコに言うと、一発でアワビを剝いできたので、錨を打ってぼくも飛び込んだ。水深は7、8メートルといったところか。何年か前にノリが1キロ近いアワビを10枚も剝いだ根である。その後はそんな大型なのには恵まれないが、いかにもアワビが好みそうな根なので、カジメを掻き分けながら丹念に探した。

ときどき振り返って、海面に浮かぶ隼丸を見る。青い縁取りの優美な白い船体。

2時間ぐらいでアワビ6枚、サザエ約5キロを収穫した。本来なら魚屋に出荷するところだが、わが家は「房州西岬の花・魚販売」のスタッフだから、注文が来たときにすぐに発送できるように、沖に活けた。

隼丸とカグラ

新造船「隼丸」とシラ

船曳場に設置したカグラを使って舟を曳き上げる

次の日は初網。

去年使った山海丸の網だ。以来、籠に入れたまま山海丸の横に放置してあったが、ぼくにくれると言ってくれたので、ヨーコの手を借りて隼丸まで運んだ。浮きと鉛のついた幅約2メートルの網が100メートル以上折り畳んで詰まっているのだから、50キロぐらいはあるだろう。それを、スムーズに海に落としていけるように折り畳んで船に積むと、去年と同じサンカンダシに掛けた。山を見ながら網を落としていく作業は去年と変らないはずだが、それを自分の船でやるというのが何か新鮮で嬉しい。網を掛け終わった後も、なんとなく名残惜しい気分で、塩見、浜田の沖まで訳もなく船を走らせた。

カサゴ5匹、カワハギ6匹、サザエ11個が初網の収穫。漁師と名乗るにはちょっと恥ずかしい成績である。

*

シドニー・オリンピックが開幕した9月からは、タコ漁も始めた。ヒデさんはコンクリート製のタコガメを使っているが、あれは仕掛が面倒くさいので、ぼくは安直《あんちょく》にタコ籠にした。脇腹がクサビ状の切れ込みになっているビニール網の籠である。これを10個、延縄《はえなわ》のロープにつなぎ、中にボラやタカノハダイなんかの売れない魚を餌に入れて海に沈めておく。5日おきぐらいに、タコが入っていないか揚げに行くのだが、これはなかなか収穫に恵まれなかった。餌を取り替えるばかりで、ウツボすら入っていないので、だんだん揚げに行くのが間遠になり、しまいには放置したままになった。

10月からはカワハギ漁。カワハギは刺網にも掛かるが、まとめて獲るにはガマグチという専用の道具を使う。ガマグチのように、自転車の車輪くらいの開閉する網である。蝶番になったステンレスの枠に網を張ったものだが、普通の漁具ではないので、網一商店に注文して特別に作ってもらった。この真ん中に砕いたカラス貝の餌を入れ、開いたまま海底に沈めて、頃合いを見計らってエイヤッと閉じて船に引き揚げるのだ。

ガマグチの漁場は、浜田の沖に設置されている栄丸の定置網のカケダシ（誘導網）付近だ。カケダシのロープにはカラス貝が付いているからちょうどいい。ロープに船を舫《もや》って、5分おきくらいにエイヤッを繰り返す。初めのうちは空振りが多いけど、カラス貝の肉汁が広がってカワハギが寄ってくると、1回に5匹6匹と入るようになる。

待っている間は、タバコを吸ったり景色を眺めたりしている。海面でボラがさかんに跳ね、釣りに来たボートがときどき場所を移動する。香から洲崎灯台まで陸の景色を目でなぞって、

「あ、あれがイサオの建てた浜田の別荘か」

と独りで呟いたりする。東は、館山市街から遠く鋸山《のこぎりやま》の頂上のロープウェイの終点まで見渡せて飽きることがない。

この時期、ヒデさんなんかは朝から弁当持ちで海に出て、多いときには1日で100キロ近くも水揚げするが、ぼくはまだカケダシ、おかずにするには多過ぎるが魚屋に売るにはちょっと恥ずかしい、ぐらいの量しか獲れない。漁業だけで食っていく本職漁師への道のりはまだまだ遠いが、でも、まあ、焦ることはない、徐々に力をつけていこう、の心境である。

香の漁法⑤——ガマグチ漁

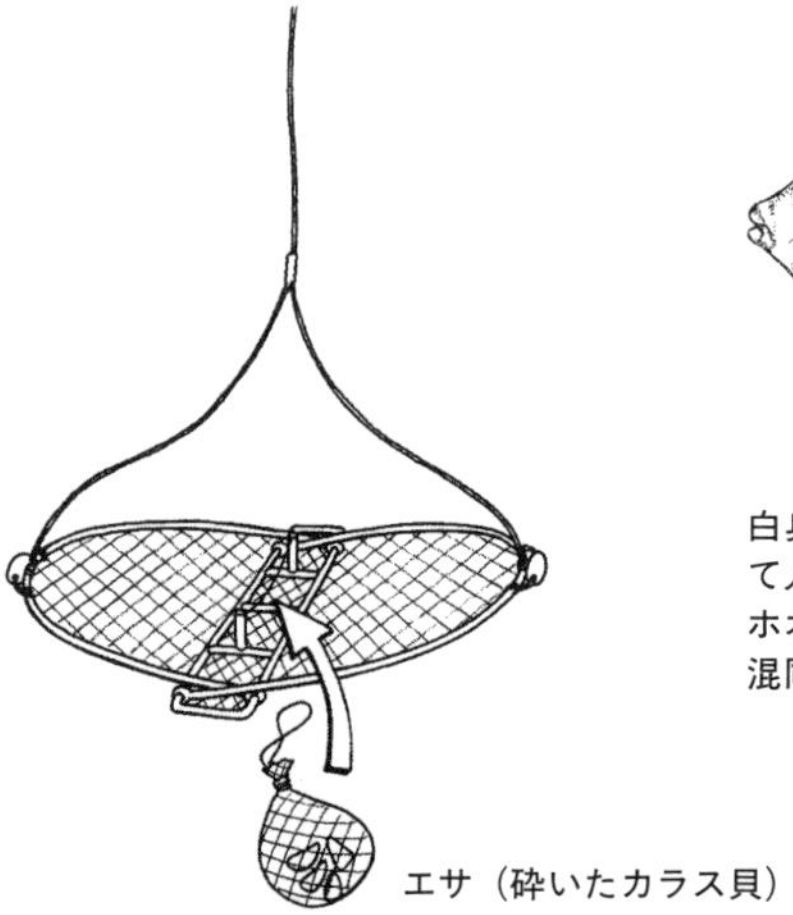

カワハギ
白身魚の高級魚。煮魚や鍋物として人気が高い。体長約 20 cm。ホオナガ（ウマズラカワハギ）と混同されることが多い。

ガマグチとよばれる自転車の車輪くらいの専用網に、エサを仕掛け、開いたまま海底に沈める。頃合いを見計らって引き揚げる。この時、網が閉じて、逃げそこねた魚が獲れるわけである。これを 5 ～10 分の間隔でくり返す。
カワハギ漁に使われる。

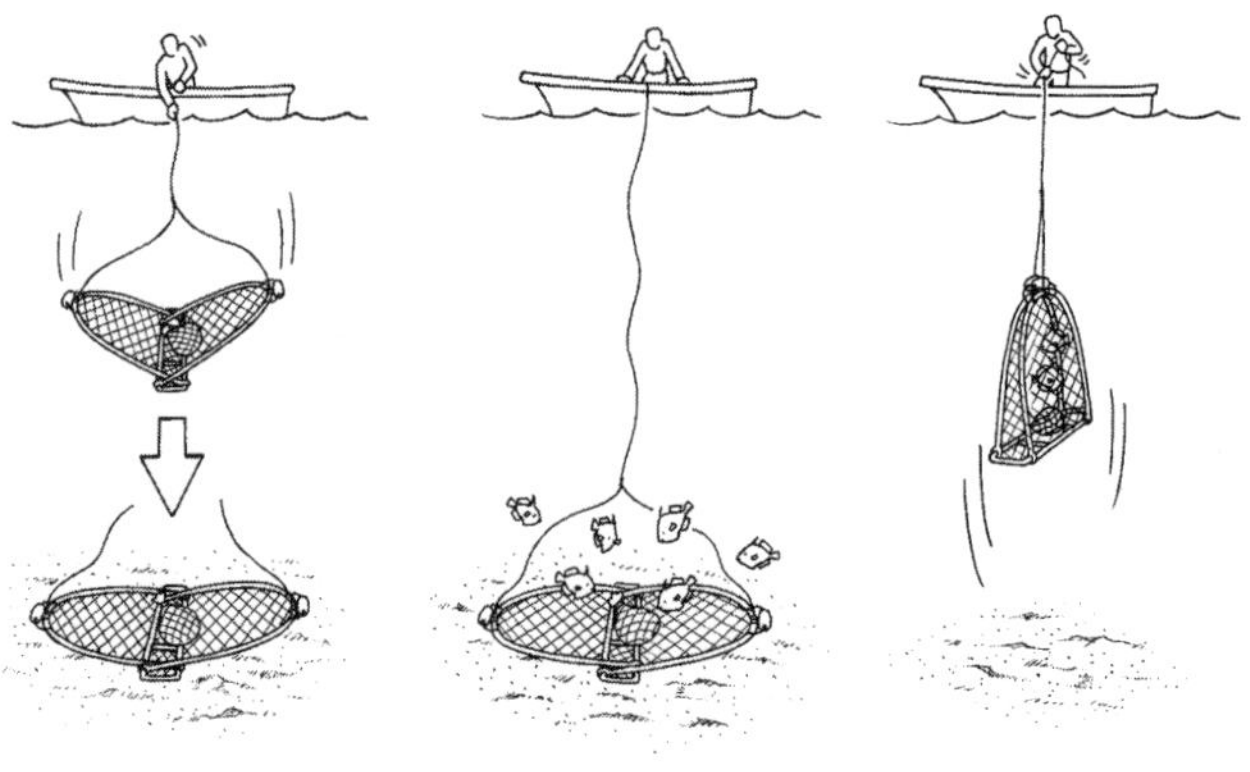

「房州ショッピングモール」のホームページ作りに駆け回って一応それなりに立ち上がってからは、ぼくはパソコンとはほとんど無縁な生活になったが、気がついてみると、わが家にはいつの間にかIT機器が溢れていた。

パソコンはNECの1号機、富士通の2号機、3号機、ヨーコ専用のソーテック、ナツミが使うiMac。さらに、ショッピングモールの営業に必要だというのでノートパソコンも買っていたから、計6台である。プリンターが5台とスキャナーが2台。デジタルカメラが1台。CDを焼き付けるCDRなんていうのもある。

NEC機は部屋の隅に置かれ、ときどきナツミがゲームを作って遊ぶぐらいで、ほとんどお蔵状態。2号機はナオキにやったので、現役で働いているのは4台だった。ぼくにも一応1台があてがわれ、二階の書斎にISDNを引いて富士通の3号機を置いたが、触ることは滅多にない。「こうやつ新聞」の投稿欄をチェックしたり、新聞記事のことでチカシやノリとメールをやりとりするぐらいである。

それでも、職場の編集部でパソコン化がどんどん進んで行くので、ちっとは学ぼうかと思ったこともないわけではなかった。なにしろ、ぼくのパソコン志向は、ただただインターネットを覗きたいという一心から始まったものだったから、基本を知らない。最初に「パソコンとはどういうものなのか」という初歩の初歩の入門書を何冊か読んだだけで、フォルダとファイルの区別すら判らないまま、必要最小限の操作だけを覚えてきたのだ。

それで、『パソコンの「パ」の字から』とか『50歳からのパソコン』などという本を買ってきて、1ページ目から生真面目に読むのだが、すぐに気が散ってしまう。お絵描きにも表計算にも用はないし、用があるのは文を書くことだけだが、それならワープロのOASYSがあるし、保存はフロッピーですればいいのだから、やっぱりあんまり用がない。問題は、OASYSのワープロ文書がそのままではインターネット上では通用しないという点だった。世の大勢はWordー辺倒になりつつあるので、『初めてのWord』なんていう本を買ってきて再度試みてもみたが、やっぱり、馴染んだワープロに比べると勝手が違いすぎるので、結局ウヤムヤになってしまった。

一方、ソーテックとiMacの持主は何をやっていたのかというと、はて、判らない。ヨーコとナツミの二人はもうぼくには見えない世界に行ってしまっていた。

二人とも、ドメインだかアカウントだか知らないが、幾つか窓口を持っていて、用途に応じて使い分けているみたいだった。ナツミの場合は、ファイナル・ファンタジー関係、コミック同人誌関係、演劇部関係……などなど。ヨーコは、ヘルムート・バーガーやマンガのサイトのほかに、画面で使うイラストやカウンターを扱うサイトも開いているみたいで、これはナツミと共同でやっていたようだ。ときどき何かのプレゼント・サービスをやるらしく、

「どうした、あれ？」

「ハハ、自爆してしまった」

なんて会話を交わしている。

「何、自爆って？」

「キリバンを自分で踏んでしまうことよ」

「キリバン？」

「1000とか2000とかアクセス数の切りのいいとこ」

「……」

窓口が広くなれば、当然、窓口業務も増えてくる。

以前、山海丸を手伝っていたころは、ヨーコもゴムの前掛けをしてモク取りを手伝ったものだし、田んぼを始めてからでも、田植えや稲刈りの作業は自然と二人でやっていたものなのに、このごろは、言わなければ出てこなくなった。玄関先に唐箕《とうみ》を置いて籾《もみ》の選別作業をしていても、本人は奥のパソコン部屋に閉じこもったままである。そのくせ、

「イサオのパソコンがおかしくなったと言うので見てくるわ」

なんてイソイソと出掛けていく。

「ナオキが、メールがどうやっても開かないと言うので行ったら、なんのことはない、圧縮したままだったのよ」

「ふーん」

「民宿『たろべ』のホームページがウィルスに感染したって大騒ぎしてるんで見にいったら、すごいの。黒い点々が渦を巻いてぐるぐる回っているのよ。一応、ワクチンは渡してきたけど」

「ふーん」

一日のうちで、ぼくが一番幸せを感じる時間は、夕方の5時である。浜で汗まみれになって帰ってくるとシャワーを浴び、食堂兼居間の食卓にどっかり座って缶ビールを飲む。北側の窓の向うでは、浅間山の山裾の木々が夕日を浴びて輝いている。緑の葉がキラキラ揺れるのを眺めながら、ゆっくりビールを流し込む。

ちょっと前までは、この時間、ヨーコは夕食の準備でうろうろしているし、学校から帰ったナツミはテレビでアニメなんか見ているので、なんとなくお喋りが始まったものだが、今は違う。六畳のパソコン部屋の窓際で二人背中を並べて、自分の世界に没頭している。ナツミには学習机があるのに、そこに座っている姿なんか見たことがない。たまに居間に出て来たかと思ったら、リビングテーブルにノートパソコンを置いて何か文章を打っている。ビールを飲むぼくは、窓の外の木々だけが友だちである。

夕食の後、二階の書斎で何やかややって、9時過ぎになると、

「そろそろ焼酎の時間だな」

と居間に降りていくのだが、居間は相変らず空っぽだ。ひどいときには、照明の半分が消されていたりする。冷蔵庫から氷を出してコップに入れ、食卓の椅子に横座りして、焼酎のウーロン割を飲む。シーンとしていて、耳をすますと、奥からかすかにキーを叩く音が聞えてくる。

世のサラリーマンは、仕事にかまけて家族と接触を失くし、家庭が壊れて非行を生むなんて非難されているけれど、甘い、甘い。わが家では、善良で寂しがりやのオヤジ一人が疎外されているのだ。

「これでナツミが大学に行ってしまったら、家庭ではもっと孤独な老人になっちまうんだなあ」

⑱——20世紀の暮の浜

タコ

「日が延びてきたな。前は4時になると暗くなったもの」

「うん。犬の散歩も急いでしなくてよくなった」

「だがな、その代り朝が遅くなってるんだよ。6時に家を出て浜に来ても、まだ真っ暗で船を出せない」

「じゃ、6時半にうちを出ればちょうどいいくらいかな」

　ヒデさんとこんな会話を交わしたのは前の日の夕方だったが、なるほど、目覚しで6時に起きてカーテンを開けても、まだ外は真っ暗だ。

　きのうサンカンダシに掛けた刺網を揚げにいくのだ。パジャマからすぐに作業服に着替える。毎晩遅くまでパソコンをやっているヨーコとナツミは、まだ夢の中だろう。

　トーストを一枚焼いて牛乳で流し込み、テレビをぼんやり眺めて明るくなるのを待つが、電気ストーブのスイッチを入れたばかりの居間は、寒い、寒い。こないだから調子がおかしいと思っていた寒暖計は20度を指したままだが、冗談じゃない、せいぜい4、5度じゃないか。

震えながら外に出て、車に積んでおいた長靴を履き、カッパを着て、車を出す。スモールランプを点けて走るぐらいの明るさになっていた。

船曳場に着くと、野球帽のかわりに耳当てのついた帽子をかぶり、ゴム手袋をしたが、きのう濡れたまま車に置いておいた手袋では、手先がしびれるほど冷たい。

ちょうど満潮だが、すんなり船をおろすわけにはいかないのが、わが船の面倒なところ。金態手で浜掃除をしなければならない。隼丸の船曳場は傾斜が緩い上に北風をもろにかぶるので、据えジラ（スロープに固定したシラ）がすぐに砂に埋まってしまうのだ。積もった海草やゴミを避《よ》けてから、シラを5本置いて、やっと船を出した。

潮がきれいだ。

昇ったばかりの朝日が真正面から目に突き射さる。

沖の島の定置網から帰ってきた菊地丸がすれ違い、右のほうではヒデさんのカンベ丸が人工島に掛けた網を揚げ始めたところだ。

風はほとんど無い。

沖の旗から揚げ始める。サンカンダシの脳天（岩礁の一番高い所）を巻くように北側の根から掛けたつもりだったが、りゃりゃりゃ、何も掛かってこないじゃないか。海草も掛かってこない代りに魚も掛かってこない。まるで洗濯した網を取り込んでるみたいだ。

やっとカサゴが1匹。

潮が澄んでいるので海底がよく見えるが、下は砂地。山を見るのを間違ったのか、根を外したみたいだ。

　ヒデさんが網を揚げ終って帰っていく。

　沖には釣船が2、3杯。

　獲物が少ないから作業は速い。魚の掛かった網は、後で魚を外しやすいように船の隅に出すが、いつものように山積みになることもなく、あっさり南の端の旗にたどり着いてしまった。

　朝日に輝く船曳場に向けて、ゆっくり船を走らす。マサズミさんの本正丸が沖の島に向けて出ていく。あの人にしては遅い出発だ。エンジンの舵棒を握ったまま片手で合図してよこす。

　カグラで船を曳いて一服すると、すでにヒデさんと藤平丸のキミオさんは魚を外し終ってモク取りを始めていた。

　カサゴ3、カワハギ1、メジナ1。

　これが今日の隼丸の漁獲だ。夏場だと、獲れた魚を保管するためにいったん家に帰るが、今は涼しいのでそんな手間もいらない。船の右舷に又木を2本差し、竿を渡して、そのままモク取りを始める。

　金子鮮魚店のトラックが魚の買いつけに来たので、見にいく。秤ザルに8分目ほどのカワハギは藤平丸のものらしい。

「どうだった」

「エビが1匹だよ、1匹」

　とヒデさん。

「魚は？」

「こんばばかしだ」

枰ザルにブダイ、メバル、メジナなんかが10匹ほど入っている。

「正月用だな」

と、それをビニール袋に移す。ヒデさんは自転車通勤なのでタルのままでは運べないのだ。

＊

モクを取り終ってから、波打ち際で魚を捌いて帰ると、10時。もう3時間半も労働したんだな。朝が早いと得した気分だ。ナツミが東京のコミックマーケットに行くというので、ウキウキしながら準備している。

納豆飯、味噌汁、お新香で朝飯を済ませて一服していると、

「そうだ、今日は28日だったんだ」

作業着の上にカメラマンコートを羽織り、ニコンをぶら下げて外に出た。餅を搗く家では28日にやるところが多いので、「こうやつ新聞」に載せる写真を撮るのだ。

温かく穏やかな師走の朝である。

案の定、タロエミ（太郎エ門＝屋号）の家からペッタン、ペッタンと音が聞えてきた。石の塀の上から覗くと、ヒバの生け垣の向うで数人が搗いている。

「タロエミさん、餅搗きの写真、撮らせて」

「ハハハ、どうぞ」

タロエミの母娘とゼミドン（善エ門ドン）夫婦の4人が、おのおのの杵を順番に振り下ろして搗いていた。ゼミドンは、江戸時代から戦争直後まで香の庄屋だったナヌシドンの番頭だった家系で、タロエミのおっかさんはゼミドンの出だから、大親戚なのだ。

「これ、何臼目？」

「えーと、4つ目かな」

「すごい貫祿のある臼だな」

「あいさ、もう何百年も使ってきた臼だよ」

「ホント、江戸時代から使ってきたみたいだ」

「かもしんないよ」

直径1メートルぐらいで丈の低い木の臼は、からからに乾いた大木の根みたいで、随所に補強の材木が挟まっている。

いい加減に搗き上がった臼の中の餅を、ゼミドンのオヤジさんが大きな杵で仕上げた。

「この臼、何年か前に、北条海岸の大きな旅館が借りにきたこともあったんだよ」

と、ゼミドンのオヤジさんが言う。

「きっと観光客に搗かせたんだな」

「口が大きいから搗きやすそうだもんね」

女たちは傍らの物置のムシロの上に木の箱を置いて、搗いたばかりの餅を千切ってお供えの形に丸めている。

「お宅でも、前は餅を搗いていたんじゃないの？」

「子供が大きくなってしまったからね。小学生や中学生のときは、同級生が遊びにきたので搗いてやったけど……」

カマドでは、二段重ねのセイロが湯気を立て、ゼミドンが薪をくべた。

「これ、少ないけど」

タロエミのおっかさんが物置から出てきてラップの包みを渡してくれる。

「あ、アンビンだ」

紅白のアンコロ餅が3個包んであった。

「邪魔しに来てお土産までもらっては、申し訳ない」

次の臼が始まった。臼を水で湿らせ、セイロの真っ白い米を空けると、4人が突き棒で丹念にこねていく。杵で搗く時間よりも、こうしてこねている時間の方が長いのではないか。

「あと何臼だい？」

「えーと、4つかな」

「これの他にかい？」

「これの他に、4つ」

暮の時間が、のんびり過ぎてゆく。

*

家に戻ってナツミに声をかけると、

「アンビン？」

と、画面に向ったままオウム返しに声を出しただけ。もうすぐ東京に行くというのに、ギリギリまでパソコンにかじり付いている気らしい。

ヨーコは？

ヨーコはどこに行ったか判らない。

ま、いいか。

今日は中潮だが、ちょうど正午ごろが干潮なので、ヒラットでハバノリを採ろうと、再びカッパを着て浜に行った。おととい、浜の口が開いて、ハバノリが解禁になったのだ。

ヒラットは、香漁港の西側に広がる磯根である。冬はハバノリ、春先にアラメとヒジキ、5月にトコブシやウニが採れる、ささやかな香の磯漁場だ。

だが、思ったほど潮が引いていない。砂浜から磯根までの数メートル、水が引き切っていないのだ。水中の岩を渡りながら無理して進んでいくと、足を踏み外して、長靴に水が入ってしまった。両方ともだ。

「けっ、しょうがねえ」

そのままヒラットに上って歩き回ってみるが、どうしたことか、ハバノリなんて、ケ（気）もないではないか。帰りもまた、長靴は水浸しになった。

本正丸のマサズミさんが奥さんとモク取りをしている。

「ヒラットのハバ、一本もねえや」

「今、何時か、わかる?」

「時計、持ってないけど……ちょっと待って」

車のエンジンをかける。

「昼に5分前」

マサズミ夫妻が昼飯に帰った後、小堤防に腰掛け、長靴を脱いで足を乾かした。弱い陽射しが、ズボンを乾かすでもなく、とろんと照っている。

傍らを往ったり来たりしているのは、秋から居ついている、羽を傷めたカモメだ。

タバコを2、3本吸った。

「待ってたんかい」

とヒデさんが自転車でやって来た。昼過ぎはタコをやるつもりだったので、ヒデさんに餌を頼んでおいたのだ。

「もっと下の、いいのを持っていきなよ」

「臭ーえ」

発泡スチロールの箱にヒデさんが塩漬けしておいたボラの筒切が、タコの餌なのだ。刺網をやって、売れない魚を塩漬けしておいて餌に使うのだが、ぼくは網をやる回数が少ないので、餌が間に合わない。今朝だって、タカノハダイとクシロが確保できただけだったのだ。

「臭ーえ」

と、また文句を言いながらバケツに入れて船を出した。

タコ籠は、沖の島に行く途中の半分ぐらいの海底に仕掛けてある。根と砂地が斑《まだら》にある、いかにもタコがいそうな場所に仕掛けたつもりだったが、9月に仕掛けてから、まだ1匹として入っていない。まあ、今年は、名人のヒデさんですら、

「こんなにタコのいねえ年はない。このごろじゃあ、地タコの房州で常磐《じょうばん》のタコが出回っているくらいだからな」

と呆れるぐらいなのだから、素人のぼくに獲れなくても不思議じゃないが、それにしたって、打率0割というのは、あんまりじゃないか。

浜ではベタ凪《なぎ》のようだったが、沖に出ると北西の風がわずかに吹いている。

風下の東から揚げた。

10個つないだ籠の最初がヤケに重いと思ったら、砂や貝殻がぎっしり詰まっている。こないだ吹いた風のせいだろう。2個目からはそんなこともなくなったが、その代り、砂も無ければタコもいない。たまに入っている生き物といったら、ゴンズイと一寸虫だけだ。どちらも毒のある魚である。

不漁には慣れているから、たいしてがっかりもせずに粛《しゅく》々《しゅく》と揚げていくと、残り3個という8個目に、あらまあ、タコが入っているではないか。

やった!

なんて感激は来なかった。あれ、タコが入ってら。そうか、これはタコ籠だもんな。てな調子で、ぼんやり眺めていたのだ。

おい、これ、オレの籠に入った最初のタコだぜ！

と思い至ったのは、しばらくしてからだった。

わっ。

慌てて船のカメの蓋《ふた》を開けたが、

「そうだ、共食い避《よ》けだ」

運転席の下から網袋を引っ張りだし、籠のタコをその中に入れてカメに放り込んだ。何匹もタコが取れたときには、1匹1匹を網袋に入れて隔離しなければならないのだ。一丁前のタコ漁師になった気分である。もっとも、幸いなことに、この日は共食いの心配をする必要はなかった。2匹目、3匹目のタコは来なかったからだ。

餌袋にタカノハダイやクシロ、ヒデさんからもらったボラの切身を入れ、また1つずつ籠を海底に落として、作業は終った。

うふふ、と頬がほころぶ。

1キロそこそこかな。でも、初めてのタコだもんなあ。

＊

日はまだ落ちそうにないので、人工島に船を付けた。東側の岩にハバノリがびっしり生えているのを、きのう、しっかり点検しておいたのだ。

大きな岩を渡っていって、沖側の波打際の岩に体を固定し、岩にへばり付いたハバノリを摘む。柳の葉っぱのような形をした茶色の海草である。これを洗って、木枠で四角の形に干してから、炙《あぶ》って揉《も》んで食う。雑煮に振っても、飯に振りかけても美味い。ここのハバノリは密生していて葉も大きいので摘みやすいが、コワいのが難点だ。下手すると口の中を切るぐらい固い。ヒラットのハバは、もっと小さくて柔らかいから、種類が違うのかもしれない。

風は穏やかだが、それでもときどき波を食らう。日も傾いてきたので、30分くらいでやめた。バケツに3分の1といったところか。

船を引くと、さっそく師匠のヒデさんに報告する。

「タコ、1匹取れた」

「へえ。おらの籠には1匹も入らないんだから、おれより上手いんだな、ハハハ」

「カメには入っているんだっぺ」

「カメだけだよ」

そこへ、カワハギのガマグチ漁に行っていたデーミ丸のクマキチさんが、

「あー、全然ダメだった」

と帰ってきた。昼過ぎからずっと沖に出ていたらしい。船を引くのを手伝っていると、

「まあ、見てみなよ」

と言うので、蓋《ふた》を開けたままの船のカメを覗くと、カワハギが隙間なく泳いでいるではないか。

「これでダメなの?」

「みんな小さいのばかりだからね」

小さいとはいえ、10キロはありそうだ。タコ1匹とでは勝負にならない。

そのタコ、初めてのタコを、鉤の先で殺し、波打際で頭を裏返して臓物を取り除くと、本日の浜仕事はすべて完了だ。

船を片づけて一服していると、藤平丸のキミオさんが、タバコをプカプカやりながら歩いてきた。

「人工島で、ハバ取ってきた。4、5枚だけどね」

「ハバ、かあ」

とキミオさんは足を止めて、沖に目をやった。

「昔は、弁当に毎日べったり載っていたもんだよ。弁当の蓋《ふた》を取ると匂いがすごかった。ハバよりも、川海苔のほうがもっと美味かったな」

「岩海苔のこと?」

「川で取れる海苔だよ。昔は湊川がきれいだったから、あそこで取れたんだよ」

湊川というのは、北条海岸に流れ込む川である。

「今じゃもう、生えてもいないっぺ」

*

家に戻って、表でタコを塩揉《も》みしてから家に入ると、居間には誰もいなくて、奥のパソコン部屋から明かりが漏れている。

今晩は、コミックマーケットに行ったナツミが東京のおばあちゃんの家に泊るので、ヨーコと二人きりである。

「晩飯は、多津味に行こうか」

と声をかけると、画面に顔を向けたままの背中から返事が返ってきた。

「行きたかったら、どうぞ」

あとがき

「漁師って、中毒になるな。フィッシャーマンホリックだよ」

「だな。今日がスイタン（漁獲ゼロ）でも、明日は大漁かもしれないって、ついまた海に出ちゃうからな」

わが家がインターネットに浸食された21世紀初頭、還暦を迎えたぼくは週刊誌勤務を辞めて本当のフリーになったから、ますます香《こうや》の地と海に密着する生活を送るようになった。東京に出ることも少なくなって、ひたすら香の浜や田んぼに執着する日々。娘のナツミはメディアアートとかを学ぶ大学に進んで家を出て行ったから、女房と二人だけの生活だ。そしてその女房、ヨーコはますますサイバー空間にはまり込んで、もうぼくの理解しがたい世界で遊んでいる。まさに一家離散である。

しかし、考えようによっては、これでやっと念願の環境が実現したのだと言っていいのかもしれない。漁師一筋。

〈ひと口で言えば、西岬には古き日本の農村共同体の風習が、ここだけ隔離保存されていたみた

いに、一九九〇年代の現代にいたるまで、まだ色濃く残っているのだ〉

と『マンボウの刺身』で書いたのは10年前だったが、西岬《にしざき》の一地区である香の〝村的性格〟は、その後もちっとも変っていない。毎月25日には部落の会合があり、道なぎや川浚《かわざら》いには住民全員が出てきて汗を流す。部落に死人が出れば、先達《せんだち》というカッポウ着を着たオッカサンが二人、鉦《かね》を叩いて歩き、住民は村香典《むらこうでん》を持って焼香に行き、全員で納骨を見守る……都会では考えられない地域の絆《きずな》がまだ受け継がれているのだ。

以前と変ったところといえば、子供神輿《みこし》を担げないほどに子供の数が減り、また青年団の香《かおり》会《かい》も高齢化してかつてのパワーが衰えてきたことだが、その分、ますます元気になってきているのが老人たちである。人数は増える一方だし、男も女も地元に居ついて漁業や農業に携わっている現役だから、実に潑剌《はつらつ》としている。神社や広場の草刈りを率先して済ませてしまうのも老人会だし、輪投げ大会で興じたり、小旅行にもこまめに行く。カラオケの会や民謡の会もあるし、男だけの酔友会《すいゆうかい》という飲み会も定期的に開かれている。村のマツリゴトにしても、それを支えているのは老人たちの力なのだ。だから、香地区の活力の総量という点では、昔よりも今のほうが上回っていると言えるかもしれない。

で、そろそろ老人の域に入りつつあるぼくも、その活力と接しながら、浜や田んぼで毎日四苦八苦しているのだ。漁師でも百姓でも、みんな先輩なのだから、教えを乞い、素直に耳を傾け、老人ならではの知恵や経験を面白がって聞いている。ただし、

「あんたも老人会に入んなよ」

という誘いには、

「まだまだ」

と踏ん張っている。

２００３年初春

岩本　隼

著　者　岩本隼（いわもと・じゅん）
1941年、満州に生まれる。東京大学文学部仏文科卒業。TBS、テレビマンユニオン、週刊誌記者等を経て、現在フリーライター。1972年から、千葉県館山市香で夏季漁師として働き、1982年、香に終の住み家を構え、漁師と物書きの生活を続けている。
主な著書に、詩集『悲しい錯乱』（パンポエジイ社）、詩集『友達』（書肆山田）、エッセイ『マンボウの刺身』（新樹社、文春文庫）、『漁師町のマラソン』（新樹社）、『ゴンズイ三昧』（新潮社）、『絶品、マトウダイ』（出窓社）、『ぼくの父は詩人だった』、『銀座の女、銀座の客』（ともに新潮社）などがある。

装　丁　熊沢正人
装画挿絵　藤原健一郎

DMD

出窓社は、未知の世界へ張り出し
視野を広げ、生活に潤いと充足感を
もたらす好奇心の中継地をめざします。

漁師vsインターネット

2003年3月1日　初版印刷
2003年3月15日　第1刷発行

著　者　岩本 隼

発行者　矢熊 晃

発行所　株式会社 出窓社

東京都武蔵野市吉祥寺南町1-18-7-303　〒180-0003

電　話　0422-72-8752
ファクシミリ　0422-72-8754
振　替　00110-6-16880

組版・製版　東京コンピュータ印刷協同組合

印刷・製本　株式会社シナノ

ISBN 4-931178-46-4　NDC 910　188　240p